果园精细管理致富丛书

柑橘生产精细管理十二个月

刘永忠 主编

中国农业出版社

北　京

编写人员名单

主　　编　刘永忠

副 主 编　黄先彪　严　翔

编写人员　（按姓氏音序排列）

曹立新　湖北省秭归县柑橘良种繁育中心

陈传武　广西特色作物研究院

陈香玲　广西农业科学院园艺研究所

黄先彪　湖北省当阳市特产技术推广中心

蒋　惠　广东省肇庆学院

李国华　广东省梅州市农业科学院

李进学　云南省农业科学院热带亚热带经济作物研究所

刘永忠　华中农业大学

王　鹏　浙江省农业科学院柑橘研究所

徐建国　浙江省农业科学院柑橘研究所

严　翔　江西省赣州市柑橘科学研究所

柑橘是一种栽培历史悠久、全身是宝、深受人们喜爱的大宗水果。柑橘产业目前也是我国南方广大农村发展农村经济的重要支柱产业，在农民脱贫致富、实现产业扶贫、乡村振兴战略方面起到非常重要的作用。

柑橘是世界第一大水果。2017 年全世界柑橘产量和种植面积分别超过 1.46 亿吨和 927 万公顷（FAO，2019），我国柑橘种植总产量超过 3 800 万吨、种植面积接近 260 万公顷。目前我国柑橘总体上供过于求，市场竞争非常激烈，柑橘产量的竞争转变为品质的竞争。高品质果品要求生产技术精准到位，而种植柑橘能够做到丰产优质，除与品种和种植环境条件有关外，关键在于栽培技术合理。

《柑橘生产精细管理十二个月》在对国内外柑橘生产现状简要介绍的基础上，介绍了柑橘的生物学特性、柑橘生长对环境条件的基本要求，为柑橘种植者提供基本理论指导；随后按月介绍了苗木繁育精细管理技术，温州蜜柑、椪柑、伦晚脐橙、沃柑、赣南脐橙、梅州柚、沙糖橘、金柑、柠檬等品种的精细管理技术，以及早熟温州蜜柑和红美人柑橘的设施栽培管理技术，希望能为柑橘种植者提供技术参考。

柑橘种植广泛，我国的柑橘生产涵盖 20 个省、直辖市、自治区，南起海南三亚，北至陕西、甘肃、河南，东起台湾，西到西藏雅鲁藏布江河谷，均有柑橘分布。我国柑橘种植不仅区域跨度广，而且气候条件差别很大。同时种植柑橘的种类和品种繁多、种植方式也有较大的差异，因此柑橘生长发育特定的物候期出现的时间因品种、地理位置和种植模式而表现出不同，对应的管理技术也因时期不同而存在差异。参考本书进行管理时，不能生搬硬套，必须根据品种、物候期和栽培方式（如设施栽培）进行取舍和灵活调整，才能做到丰产优质。

本书集合了我国从事柑橘生产一线的 10 多位专家的智慧结晶，是对柑橘种植现有技术的一次比较全面的总结。本书共分十三章，其中刘永忠编写第一章、第二章和第三章，并负责全书统稿工作，曹立新编写第四章和第六章，黄先彪编写第五章，陈香玲编写第七章，严翔编写第八章，李国华编写第九章，陈传武编写第十一章，并与蒋惠共同编写第十章，李进学编写第十二章，徐建国和王鹏共同编写第十三章。本书的编写虽然融入了编者对柑橘种植的一些新的理念，但更多还是对当地柑橘栽培管理技术的提炼，不妥之处欢迎广大读者指正和探讨。

本书的编写得到国家现代农业（柑橘）产业技术体系（CARS-26）诸多岗位科学家和试验站站长以及部分产区的柑橘种植专家的大力支持。本书的出版则离不开中国农业出版社的大力支持，以及袁野、严敏、白颖新、韦欣、柳东海、陈欢、韩忠星、韩晗、欧翔和赵慧星等在校稿方面的支持，在此一并表示感谢！

刘永忠

2019 年 5 月 30 日于武汉

目录

CONTENTS

第一章

柑橘生产现状概述

柑橘是一种栽培历史悠久、色泽鲜艳、甜酸适口、风味和营养丰富、深受人们喜爱的大宗水果。柑橘全身都是宝，果皮可以提取香精油、果胶和黄酮类物质；果肉除用于鲜食外，也可以用于榨汁或加工罐头等食品。不仅如此，有些柑橘品种还具有很好的药用价值、观赏价值。综合来看，种植柑橘的经济效益相对稳定、丰厚，因此国内各地种植柑橘的热度不减。目前柑橘产业已成为我国南方广大农村发展农村经济的重要支柱产业之一，在农民脱贫致富、实现产业扶贫、乡村振兴战略中发挥着重要作用。

本章对全世界及我国的柑橘生产现状进行简单叙述，为种植柑橘提供借鉴。

一、柑橘生产分布与变化

柑橘是世界第一大水果，联合国粮食及农业组织（FAO）统计，2017年全世界至少150个国家和地区种植柑橘，全世界柑橘产量和种植面积分别超过1.46亿吨和927万公顷（表1-1），位居水果之首。柑橘也是我国南方第一大水果，据国家统计局发布的《中国统计年鉴2018》显示，2017年我国柑橘总产量超过3 800万吨、种植面积接近260万公顷，分别居我国水果种植面积和产量的第一位和第二位。

（一）世界柑橘生产分布与变化

柑橘种植地区分布广泛，主要种植区域在南北纬 35°之间，最北限在北纬 45°的俄罗斯克拉斯诺达尔、最南限在南纬 41°的新西兰北岛。从 FAO 的资料来看，全世界五大洲都种植柑橘（表 1-1），其中亚洲产区柑橘种植面积和产量最多，接近世界产量和种植面积的 50%；其次是美洲产区，柑橘产量和种植面积分别是世界总产量和种植面积的 1/3 和 1/4 左右；排在第三位的是非洲产区，种植产量和种植面积分别超过 1 967 万吨和 176 万公顷，占世界总产量和种植面积的 13% 和 19% 左右。欧洲产区和大洋洲产区的柑橘产量和种植面积则比较少。主要产区分述如下。

表 1-1   2017 年世界主要产区的柑橘产量和种植面积

（FAO，2019）

产	区	产量（万吨）	种植面积（万公顷）
亚洲	东亚	4 079.84	269.04
	南亚	1 751.91	138.78
	西亚	744.41	30.86
	东南亚	498.93	30.07
	中亚	1.60	0.15
	合计	7 076.69	468.90
美洲	南部美洲	2 764.61	120.30
	中部美洲	964.65	70.41
	北部美洲	700.23	28.83
	合计	4 496.86	228.15
非洲	北部非洲	934.91	50.03
	西部非洲	592.88	98.69
	南部非洲	251.66	8.56
	东部非洲	135.48	14.00
	中部非洲	52.34	4.90
	合计	1 967.27	176.18

（续）

产　　区		产量（万吨）	种植面积（万公顷）
大洋洲		54.69	3.00
欧洲	南部欧洲	1 059.00	50.87
	西部欧洲	5.39	0.48
	东部欧洲	0.008	0.003
	合计	1 064.40	51.36
全世界		14 659.92	927.59

注：表中数据引自 FAO，美洲数据还包含其他少量数据未列出，但总数据不变。

1. **亚洲产区**　据 2019 年 FAO 的统计，2017 年整个亚洲产区至少有 26 个国家和地区种植柑橘，其中东亚地区的柑橘产量和种植面积最多，分别超过 4 000 万吨和 269 万公顷，均占亚洲产量和种植面积的 57% 以上。在东亚，中国是柑橘的主要种植国家，韩国和日本种植面积和产量较少，其中日本的产量和种植面积分别是 79.4 万吨和 4.4 万公顷左右，韩国的产量和种植面积分别只有 69.3 万吨和 2.2 万公顷左右。在南亚产区，其产量和种植面积分别超过 1 750 万吨和 138 万公顷，南亚柑橘主产国是印度和巴基斯坦，其中印度种植面积和产量分别超过 94 万公顷和 1 141 万吨，分别是世界柑橘种植第二大国，产量居世界第三。西亚和东南亚的柑橘种植面积均为 30 万公顷左右，西亚的产量超过 744 万吨，东南亚的产量则接近 500 万吨。西亚柑橘种植国家主要有土耳其、伊朗、叙利亚和以色列等，土耳其和伊朗的产量和种植面积已经位居世界前十行列。东南亚柑橘种植的国家主要有印度尼西亚、泰国、越南等。

2. **美洲产区**　美洲产区分为南部美洲、中部美洲和北部美洲三个产区，其中南部美洲产区产量和种植面积最多，2017 年的产量和种植面积分别超过 2 764 万吨和 120 万公顷，占整个美洲产区的 60% 以上和 50% 以上。南部美洲有超过 10 个国家和地区种植柑橘，主产国是巴西，2017 年产量超过 1 979 万吨，占整个南美洲的 71.6%。中部美洲的国家也种植有较多的柑橘，2017 年的产量和种植面积分别超过了 964 万吨和 70 万公顷，其中墨西哥是主产国，2017 年产量 827 万吨，位居世界第四。北部美洲近几年产量和种植面积在缩小，2017 年的产量和种植面积分别为 700 万吨、28.8 万公顷左右，主要代表国家为美国，2017 年的柑橘产量为 700 万吨左右，位居世界第五。

3. **非洲产区** 非洲产区共有 40 多个国家种植柑橘，2017 年总产量和种植面积分别超过 1 967 万吨和 176 万公顷，占世界比例为 13% 和 19% 左右。其中埃及、尼日利亚和南非的产量和种植面积较大，2017 年尼日利亚和埃及的柑橘产量和种植面积均位于世界前十。

4. **欧洲产区** 欧洲产区也有十几个国家在种植柑橘，主要分布在南部欧洲的西班牙和意大利等国家。2017 年西班牙的柑橘产量超过 633 万吨，位居世界第六。

由于各种因素的综合影响，柑橘种植分布也发生了很大的变化。从世界范围来看，柑橘生产的种植面积和产量总体是上升的，种植面积和产量由 2002 年的 760 万公顷、1.08 亿吨左右分别增加到 2017 年的 927 万公顷、1.46 亿吨左右，增幅达到 22.0% 和 35.2%。具体来看，柑橘种植产量和种植面积增加主要来自一些发展中国家，如中国、印度、土耳其、尼日利亚和埃及等，而美国、巴西的产量和种植面积则呈现出下降趋势，西班牙则保持相对稳定（图 1-1 和图 1-2）。

图 1-1 世界柑橘种植面积前十的国家 2002—2017 年面积的变化动态
(FAO，2019)

图 1-2 世界柑橘种植面积前十的国家 2002—2017 年产量的变化动态
（FAO，2019）

（二）我国柑橘生产分布和变化

我国柑橘种植南起海南三亚，北至陕西、甘肃、河南，东起台湾，西到西藏雅鲁藏布江河谷。柑橘的物候期则随着地理分布表现出不同。我国的柑橘主要分布在广西、湖北、湖南、四川、广东、江西、福建等省份（表1-2）。柑橘的优势产区具体总结为"四带＋特色基地"。"四带"是指长江中上游柑橘带、赣南-湘南-桂北柑橘带、浙南-闽西-粤东柑橘带和鄂西-湘西柑橘带。"特色基地"包括南丰蜜橘、安岳柠檬、岭南晚熟柑橘、云南瑞丽柠檬、玉溪早熟柑橘基地等。

表 1-2 我国主要柑橘种植省份产量变化（万吨）

省　份	2013 年	2014 年	2015 年	2016 年	2017 年
广西	423.04	472.18	519.28	578.22	682.06
湖南	417.32	438.52	457.13	496.95	500.9
湖北	400.39	437.12	426.66	457.39	465.9
四川	343.62	360.41	379.63	401.69	415.68
广东	454.83	472.34	492.8	494.33	410.28
江西	407.24	382.46	410.12	360.1	404.26

（续）

省　份	2013 年	2014 年	2015 年	2016 年	2017 年
福建	323.47	346	366.25	378.9	315.39
重庆	193.19	207.24	224.95	242.58	250.58
浙江	193.03	200.93	207.79	178.69	186.79
云南	56.61	53.59	59.49	61.27	88.85
陕西	47.69	50.36	53.13	51.06	45.75
贵州	25.48	28.91	32.01	34.9	25.39
上海	15.52	23.42	11.44	12.44	9.38
海南	6.25	5.93	6.15	5.87	6.63
河南	4.81	4.67	4.94	4.79	4.91
江苏	4.73	4.82	4.32	3.27	3.17
安徽	3.54	3.59	3.79	2.2	0.81
甘肃	0.14	0.12	0.13	0.16	0.06
西藏	0.06	0.05	0.07	0.07	0

从 1949 年以来，我国柑橘生产经历了缓慢发展阶段、快速发展阶段、大调整阶段和稳步发展阶段四个阶段，柑橘产量从 1970 年的 24 万吨到 2017 年 3 800 万吨以上，增加了 160 倍左右，人均年柑橘消费量达 30 千克。缓慢发展阶段主要是指 1949—1984 年，此阶段主要受农业政策影响，柑橘发展在低水平上徘徊；快速发展阶段主要是指 1984—1997 年，主要是由于国家放开了柑橘作物的计划管理体制，在长期物质匮乏的背景下，各地都大力、无规划地种植柑橘，使种植面积和产量增长迅速；大力调整阶段是指 1997—2000 年，国家加大了对柑橘产业的宏观指导，通过实施相关重大项目，加大了品种引进、调整力度，加强了适地适栽的指导工作；稳定发展阶段是指 2000 年至今。

我国柑橘虽然总体规模是稳中有增（图 1 - 3），但是近年来其发展变化很大。如广西过去主要以种植沙糖橘为主，还有部分沙田柚、金柑、柳城蜜橘、椪柑等，种植面积在 400 万亩*左右。近几年扩展迅猛，非官方统计数据表明，2015—2018 年期间，广西柑橘年平均种植增加面积为近 50 万亩，主要扩种品种为沙糖橘和沃柑；广东曾是我国柑橘的重要产区，近年受黄龙病影响，种植面积缩减相当严重，种植区域主要转向肇庆怀集、河源、清远和韶关等不发达区域，属于新种植区，主要种植沙糖橘，少部分种植马水橘等；浙江东南沿海因经济发展种植面积逐步缩减，主要柑橘种植区分布在浙江衢州、台州、丽水、金华、温州等地，以温州蜜橘为主，柑橘种植整体经济效益较高。另外，福建、江西、湖南南部等地因黄龙病的危害柑橘种植面积大幅度减少，湖北柑橘则稳定在一定水平，四川、云南近年来发展比较迅速，产量和种植面积大幅度上升，尤其是四川，其柑橘种植面积近三年是以年均 30 万～50 万亩的速度在增加。

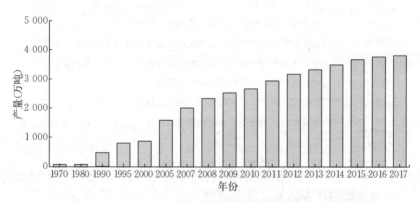

图 1-3 我国柑橘产量变化趋势

综合来看，目前我国柑橘产业开始由东部向西部转移、由发达地区向不发达地区转移，这个趋势在一定时期内将会更加明显。

---

* 亩为非法定计量单位，1 亩≈667 米^2。——编者注

二、柑橘种植品种及主要国家种植特色

（一）柑橘主要种植品种

目前柑橘种植种类较多，主要包括柑、橘、橙、柚、枸橼（柠檬）、金柑、杂柑和药用柑橘八大类（表1-3）。我国目前柑橘资源有1 000多份、经济种植的品种有200余个，不过总体上还是宽皮柑橘、甜橙和柚类占主要地位。但是从近几年的发展变化来看，我国宽皮柑橘和柚类呈现下降趋势、甜橙类则呈现增加趋势；另外，近五年杂柑种植面积呈爆发式增长，估测总种植面积已经超过300万亩，主要是沃柑、爱媛、春见、不知火、金秋等品种。

表1-3 我国柑橘常见种类和品种

种类	常见品种（类型）
柑类	蕉柑、日南1号、大分4号、兴津、宫川、由良等
橘类	沙糖橘、南丰蜜橘、红橘、马水橘、椪柑等
橙类	纽荷尔脐橙、冰糖橙、伦晚脐橙、血橙、红肉脐橙、伏令夏橙等
柚类	沙田柚、井冈蜜柚、三红蜜柚、黄肉蜜柚、鸡尾葡萄柚等
枸橼类	尤力克柠檬、无酸柠檬、塔西提莱檬等
金柑类	罗浮柑、圆金柑、脆皮金橘、脆蜜金橘等
杂柑类	爱媛系列、不知火、金秋沙糖橘、沃柑、春见、春香、茂谷柑、甘平等
药用柑橘	枳、酸橙、酸橘、化州橘红、茶枝柑等

主要类型代表品种简单介绍如下。

1. 柑类品种

（1）国庆1号 华中农业大学从龟井温州蜜柑的变异中选出，特早熟温州蜜柑品种。果实扁圆形或高扁圆形，橙黄色至橙色，果肉橙红色，味浓甜，可溶性固形物含量11.5%，可滴定酸含量0.6%，10月上旬成熟。

（2）宫本 日本从宫川蜜柑变异枝选育而出，特早熟温州蜜柑品种。果实扁平、大小一致、橙黄色，大小为 6.8 厘米×5.5 厘米，果顶平，油胞稍凸起。9 月中下旬可上市，可溶性固形物含量 8％以上，可滴定酸含量 1.0％以下。积温较高地区较宫川早 15 天以上。

（3）兴津　日本兴津园艺场以宫川为母本枳为父本进行杂交，从其后代的珠心苗中选出，早熟温州蜜柑品种。果实扁圆或圆锤头扁圆形，橙红色，大小为 7.0 厘米×5.7 厘米，果顶圆或平圆，可溶性固形物含量 10％～11％，可滴定酸含量 0.7％，该品种早结丰产，适应性广，品质优，不易裂果，10 月上旬成熟。

（4）日南 1 号　日本从兴津早熟温州蜜柑变异中选出，特早熟温州蜜柑品种。果实扁圆，橙黄色，大小为 6.8 厘米×4.8 厘米，果顶平，果蒂部微凹。10 月上旬可溶性固形物含量 11.0％、可滴定酸含量 1.0％以下时可上市。

（5）由良　是日本和歌山县从早熟温州蜜柑品种宫川的芽变中选育而成的特早熟温州蜜柑品种。2006 年引进我国，在浙江柑橘产区试栽，表现良好。其树姿开张，树体矮化；幼年树及高接换种树初期生长势强，进入结果期树势中等，较宫川稍弱；果实比宫川高圆，较宫川果实略小；果色黄橙色，果皮中等厚，光滑度中等，剥皮稍难，不易产生浮皮和裂果；果实囊瓣的囊皮薄，果肉柔软，果汁多，甜味浓，可溶性固形物含量可高达 15％～16％，属高糖高酸的品种。

2. 橘类品种

（1）沙糖橘　沙糖橘又名十月橘、冰糖橘，原产于广东四会市。树势中等，树冠半圆头形，枝条细密，无刺，稍直立。春梢叶片大小（7.5～8.2）厘米×（4.3～5.2）厘米，椭圆形，叶缘锯齿稍深，先端渐尖或钝尖，凹口浅而明细，翼叶线形。花较小，雄蕊 15～17 枚，完全花。果实小，高扁圆形，果皮油胞细而突出，分布均匀，橙黄色至橙红色，有光泽，单果大小为（4.5～5.5）厘米×（3.5～4.2）厘米，果顶平而微凹，果皮易剥离。可溶性固形物含量 12.0％～14.0％，可滴定酸含量 0.23％～0.51％，每 100

毫升果汁维生素C含量为17.3～26.1毫克，种子0～12粒/果，单一品种大面积种植后基本无核。成熟期11月下旬至12月下旬，广西北部地区沙糖橘树冠覆膜后采收期可延迟至翌年3月上旬，宜用枳、酸橘作砧木。沙糖橘果实具有风味浓甜、汁多、化渣、较耐贮等特点，颇受消费者喜爱，很适合广东、广西柑橘产区种植，特别是近年来树冠覆膜技术在广西北部地区大规模应用，沙糖橘种植面积迅速增加。

（2）**南丰蜜橘** 又名金钱蜜橘、邵武蜜橘（福建）、莳橘，与乳橘同类。是我国古老品种，有1 300年栽培历史。原产于江西南丰，主产区亦为江西南丰。树势壮旺、树冠半圆头形，枝梢长细而稠密，无刺。果实扁圆形，橙黄色，大小为（3.3～3.5）厘米×（2.5～3.5）厘米。果顶平，微凹，中心有小乳凸，果皮容易剥离。可溶性固形物含量11%～16%，可滴定酸含量0.8%～1.1%，种子0.7粒/果，一般1～2粒，成熟期为11月上旬。该品种汁多，具浓郁香味，品质优，丰产性好，抗寒性强，抗溃疡病能力较好。

（3）**华柑2号** 由华中农业大学、长阳土家族自治县农业技术推广中心等单位从老系实生硬芦园发现的优良单株，后经系统选育定名为清江椪柑1号，2005年通过湖北省农作物品种审定，定名为华柑2号。果实高扁圆形，橙黄色至橙红色，单果重160克左右，果顶微凹，可溶性固形物含量13.5%，可滴定酸含量0.7%，12月初成熟。

3. **橙类品种**

（1）**纽荷尔脐橙** 纽荷尔脐橙原产于美国，由加利福尼亚州的华盛顿脐橙芽变而来，于1978年引入我国，是当前全国的主栽优质中熟柑橘品种之一。目前分圆红纽荷尔脐橙和长红纽荷尔脐橙。

圆红纽荷尔脐橙树形为圆头形，树势开张，树体生长较旺；果实成熟期为11月下旬，果面光滑，外果皮为橙红色，多为闭脐，果肉细嫩而脆，酸甜可口，风味浓郁，汁多化渣，果实无核；平均单果重185克，纵径7.44厘米，横径7.05厘米，果形指数1.06；

可溶性固形物含量 13.7%，可滴定酸含量 0.84%，可食率达到 69.4%。

长红纽荷尔脐橙是湖北秭归县从圆红纽荷尔脐橙中选出的芽变培育而来，树形为圆头形，树势开张，树势较旺；果实成熟期为 11 月下旬，果面光滑，果色火红艳丽，果肉脆嫩化渣、味甜富有香气，果实无核；平均单果重达 200 克，果形指数 1.24；可溶性固形物含量 14.1%，可滴定酸含量 0.94%，可食率达 72.0%。

（2）早红脐橙 早红脐橙是我国自主选育的早熟脐橙品种，为龟井温州蜜柑和罗伯逊脐橙的嫁接嵌合体，由华中农业大学和秭归县柑橘良种繁育示范场共同选育。于 2001 年发现，2006 年现场鉴定，2008 年 5 月获得国家农业部植物新品种权证书，证书号为第 20081638 号，品种权号为 CNA20060194.6。早红脐橙树形为扁圆形，树姿开张；以早秋梢为主要结果母枝，结果多年后春梢也是很好的结果母枝，结果枝多为花序枝及有叶单花枝，花量大，无需促花；成熟期早，10 月中旬即可上市，外果皮橙黄色，果肉橙红色、细嫩化渣，果实无核；平均单果重 200 克以上，纵径 7.02 厘米，横径 7.54 厘米，果形指数 0.93；可滴定酸含量 0.7%，可溶性固形物含量 11.5%，可食率 71.39%。

（3）红肉脐橙 红肉脐橙于 20 世纪 90 年代由美国佛罗里达州引入华中农业大学，是华盛顿脐橙的芽变品种，原名为 Cara Cara。2001 年通过湖北省农作物品种审定委员会审定。红肉脐橙树形为自然圆头形，树姿略开张，中长枝条易下垂；果实成熟期为 12 月下旬，但留树保鲜到 2 月口感最佳；外果皮橙黄色或橙红色，果肉因呈色色素为番茄红素而表现为均匀的红色；果实闭脐，平均单果重 186 克，纵径 6.77 厘米，横径 7.31 厘米，果形指数 0.93；可溶性固形物含量 12.0% 以上，可滴定酸含量 0.87%，可食率达 66.2%。

（4）夏金脐橙 夏金脐橙是澳大利亚选出的晚熟脐橙，于 20 世纪末期引入我国。夏金脐橙树形为圆头形，树形较紧凑，树势中等偏强，枝条粗壮，枝梢较密；果实成熟期为翌年 2 月中旬，由于降酸早，成熟期早于伦晚脐橙；果面光滑，外果皮橙红色；果实亚球形，较大，单果重达 230 克，纵径 7.11 厘米，横径 7.97 厘米，果形指数 0.89；可溶性固形物含量 13.5%，可滴定酸含量 0.7%，可食率达 70.1%。

（5）伦晚脐橙 伦晚脐橙源自澳大利亚的华盛顿脐橙的芽变。该品系是华中农业大学 1994 年从美国的加利福尼亚州引入。伦晚脐橙树形为不规则的自然圆头形、较开张，萌芽率中等，成枝力强，树势强健；果实成熟期为翌年 3 月中下旬，果皮光滑，橙黄色，果肉细嫩化渣；平均单果重达 228 克，纵径 7.53 厘米，横径 7.71 厘米，果形指数 0.98；可溶性固形物含量达 13.3%，可滴定酸含量达 0.75%，可食率为 73.5%。

（6）伏令夏橙 伏令夏橙是柑橘属甜橙类中的一个特殊品种，又名佛灵夏橙、晚生橙。伏令夏橙树形为圆头形，枝梢壮实，树势强健；成熟期为 5 月中旬，果实圆球形，上市时果皮果蒂部分返青变绿，果顶橙黄，总体呈现青黄色；平均单果重达 200 克，果形指数为 0.98；果实有籽，平均达到 6.0 粒/果；可溶性固形物含量达 11.0%，可滴定酸含量达 0.95%，作为鲜食和加工两用型品种其出汁率为 49.4%。

4. 柚类品种

（1）沙田柚 原产于广西容县沙田村。树势强，树冠圆头形，内膛结果为主。完全花，自交不亲和，单性结实能力弱，需要人工授粉结实率才高。果实梨形或葫芦形，橙黄色，大小为 (13.5～15.0) 厘米×(16.5～17.5) 厘米；果顶部平或微凹，有不整齐的印环，环内稍突出；果蒂有长颈和短颈两种，短颈品质较好；果皮中等厚，剥皮稍难。可溶性固形物含量 12.8%～16%，可滴定酸含量 0.4%～0.5%，果肉脆嫩浓甜。种子 60～120 粒/果。11 月中下旬成熟。果实耐贮运，对溃疡病较敏感。

（2）琯溪蜜柚 原产福建漳州平和县。树冠圆头形或半圆形，内膛结果为主。花自交不亲和，单性结实能力强。果实倒卵形或梨形，果面光滑，中秋采收时淡黄绿色，大小为 14.5 厘米×15.6 厘米，果顶平，中心微凹且有明显印环，成熟时金黄色，果皮稍易剥离。可溶性固形物含量 9%～12%，可滴定酸含量 0.6%～1.0%，无籽，果肉甜，微酸。10 月至 11 月上中旬成熟。

（3）鸡尾葡萄柚　鸡尾葡萄柚是美国加州大学河滨分校育成的 Siamese 甜柚和 Frua 橘的杂交种，1990 年前后由浙江台州黄岩首次引入。植株生长势强，树势强健，树冠呈圆头形。果实扁圆形或圆球形，果形指数 0.89，单果重 380 克左右。果面光滑，果皮橙黄色，果皮薄（皮厚 0.4 厘米左右），海绵层白色，皮层较紧但易剥；果肉黄橙色，多种子（平均单果种子数 33 粒），种子多胚，汁液多，风味爽口，柔软多汁，甜酸适中。可溶性固形物含量 12.0%～14.5%，可滴定酸含量 0.69%～0.97%，固酸比 15.0～19.0，维生素 C 含量 0.398 毫克/毫升，果实可食率 72.0%～79.0%。

5. 枸橼类品种

（1）尤力克柠檬　尤力克柠檬原产于美国，是世界上主要栽培的柠檬品种，在我国四川、云南均有栽培，占全国柠檬种植面积的 95% 以上，广东、海南、福建、广西等地零星种植。该品种性状表现为：植株树冠披散；叶卵形或椭圆形，叶柄几乎无翼叶；花紫红色，一年开花多次；果实呈倒卵形、椭圆形和圆形，果皮黄色，果实 9～10 个囊瓣，柠檬油含量为 0.4%～0.5%。

（2）塔西提莱檬　塔西提莱檬是三倍体，果实偏小，卵形、倒卵形、长椭圆或椭圆，颈不明显，乳突小，皮薄、表面光滑、果实颜色淡黄色，10 个囊瓣；新鲜果实淡绿色、黄色、细嫩、多汁、酸。树势旺盛，开阔，枝条披垂，刺多，长度在 0.20～0.45 厘米，叶片浓绿。花芽和花大小中等，全年开花，但主要在春秋季。花白色，抗冷性强。

在云南栽培一年四季均能开花结果，单果重 92.5～156.9 克，纵径 6.44～7.90 厘米，横径 5.14～7.06 厘米，无种子，果面油胞丰富，果皮厚 0.25～0.32 厘米，不耐贮运，果肉嫩，多汁，可滴定酸含量 5.87%，香气好，品质较佳，是适宜当地推广栽培的良种之一。

6. 金柑类品种

（1）滑皮金柑 广西融安农业科技人员于1981年在大将镇发现并成功选育的金橘新品种。果实近圆球形（普通金橘为椭圆形），果形指数1左右，单果重12～15克，最大单果重20克。皮极光滑，油胞稀少，无麻辣味，全果带皮食用清香甜脆。在广西融安从11月中旬开始陆续成熟。

（2）金弹 又名长安金橘、融安金橘，可能是罗浮和罗纹的杂交种。果实椭圆形或卵状椭圆形，橙黄色或金黄色，有光泽。大小为（2.7～3.0）厘米×（3.0～3.4）厘米。可溶性固形物含量15%～17%，可滴定酸含量0.4%～0.5%。果皮甘甜、肉质味甜，适合鲜食。种子3～5粒/果。该品种适应性强，丰产稳产，特抗溃疡病。

7. 杂柑类品种

（1）沃柑 是以色列以坦普尔橘橙与丹西红橘杂交培育出的一个完熟柑橘品种。该品种长势旺盛，挂果能力强，挂果采收期长，1～2月可以采收上市，最长到5月之前均可采收。果实饱满、皮薄，果肉嫩滑、橙色，汁多，口感甜柔、低酸爽口。

（2）爱媛28 是日本爱媛县立果树试验场以南香为母本，天草为父本进行杂交选育成的柑橘品种，为橘橙类杂交品种，又名红美人。果面浓橙色，果肉极化渣，高糖，优质，有甜橙般香气。成熟期在11月下旬，12月上旬完熟。

（3）金秋沙糖橘 是中国农业科学院柑橘研究所以爱媛30为母本，沙糖橘为父本杂交选育出来的品种。果形圆形，小果，颜色为橙红色，外观艳丽。果皮光滑细腻、易剥离，果实无核，高糖低酸，肉质细嫩化渣，入口即化，品质优。10月中下旬成熟。

（4）不知火 日本农林水产省用清见和中野3号椪柑杂交育成。我国于2000年前后从日本引入。树势中等，幼年树树姿较直立，进入结果期后开张，枝梢密生细而短，刺随树体长大消失。果实倒卵形或扁球形，多数有短颈。无短颈的扁果顶部有脐，橙黄色。大小为 7.2 厘米×7.4 厘米，果皮易剥离。可溶性固形物含量 13%～14%，可滴定酸含量 1%。无籽。果肉脆、多汁化渣，有椪柑香气，品质佳。12 月上旬完成着色，成熟期为 2～3 月，最适在冬天无霜冻的中亚、南亚热带气候区栽培。

（5）默科特　美国用橘和橙杂交育成，俗称"茂谷柑"。树势旺盛，丛生分枝状树形，幼年树稍直立，结果后树形逐渐开张。果实高扁圆，黄橙色。大小为 (6.9～7.0) 厘米×(5.2～5.3) 厘米，皮薄，包着较紧，不像其他宽皮柑橘那样容易剥皮，但皮较韧，也可剥离。可溶性固形物含量 12%，可滴定酸含量 1.1%，肉质脆嫩，汁多，糖酸含量高，风味浓，品质优良。12 月下旬至翌年 2 月上旬成熟。

（6）春见　日本农林水产省果树试验场兴津支场用清见橘橙与 F-2432 椪柑杂交选育而成，2001 年从中国农业科学院柑橘研究所引进，俗称耙耙柑。果实呈高扁圆形，大小较均匀。果皮橙黄色，果面光滑，有光泽，油胞细密，较易剥皮。果肉橙色，肉质脆嫩、多汁、囊壁薄、极化渣，糖度高，风味浓郁，酸甜适口，无核，品质优。适栽地区 12 月下旬逐渐成熟。

8. 药用柑橘

（1）化州橘红　化州橘红是一个柚类品种。果实近圆形，淡黄色，果皮密生白色茸毛，味酸稍带苦味，不堪食用。幼果是止咳化痰的特殊药材。

（2）茶枝柑　茶枝柑是一个橘类品种，新会陈皮的主要原料。果形通常为扁圆形至近圆球形，果皮甚薄而光滑或厚而粗糙，淡黄色、朱红色或深红色，甚易或稍易剥离，橘络甚多或较少，呈网状，易分离，10～12 月成熟。

（二）主要柑橘种植国家的种植特色

1. 中国　中国柑橘生产特点：第一，柑橘种植分布较广，可以通过品种和区域布局基本实现鲜食柑橘周年供应；第二，种植的柑橘品种多、以鲜食为主、市场竞争激烈；第三，虽然大规模进行柑橘优势带的建设，但是品种布局还是比较混乱；第四，果园集约化程度不一，更多的还是小户经营模式，专业的经营主体和商业组织较少；第五，种植技术、管理水平总体落后，果园园相千差万别，导致产量和质量很难保证，商品率低。

2. **美国**　尽管美国受到自然灾害和病虫害（黄龙病）的影响，柑橘产业在全世界中的地位有所下降，但是其国力强大和劳动力素质高，故柑橘种植特色非常明显。第一，柑橘产业布局合理，主要分布在佛罗里达州、加利福尼亚州、得克萨斯州和亚利桑那州，其他各州基本不种植柑橘；第二，高度集约化，通过合作化和托管经营模式形成了集约化大生产格局；第三，主栽品种突出、产业目标明确，美国的柑橘生产主要分为两个区，即东部的佛罗里达州和得克萨斯州，主要以加工柑橘为主，西部的加利福尼亚州和亚利桑那州，主要以鲜食柑橘为主，在品种配置上讲究早、中、晚合理搭配；第四，种植机械化、标准化程度高，大大降低成本、提高果实品质和商品率。

3. **巴西**　巴西是南半球柑橘生产最多的国家，全国有 22 个州生产柑橘，主产区为东南部以圣保罗州为主的 6 个州。巴西柑橘种植突出优势在于：第一，可利用南美东部独特的气候条件大力发展适合加工的甜橙；第二，生产和加工规模化、机械化程度高；第三，产业协会和橙汁加工商业组织发达，为产业发展提供了强有力的保障。

4. **西班牙**　西班牙柑橘种植区属于地中海气候，非常适宜高品质柑橘生产，其种植特色主要体现在：第一，瞄准国际柑橘鲜果市场，重视柑橘品种更新和提高品质的先进技术的应用；第二，生产区域集中、果园集约化程度高、设施齐全、确保稳产优质；第三，重视柑橘良种繁育体系建设，形成无病毒苗木生产链。

5. **意大利**　意大利是欧洲柑橘重要生产国，产量仅次于西班牙。其柑橘种植特色主要体现在：第一，重视柑橘良种繁育体系建设；第二，产区集中，主要分布在西西里岛；第三，品种主要以甜橙、柠檬为主，有少量的宽皮柑橘，塔罗科血橙是意大利很有特色的一个血橙品种；第四，果园基础设施较全。

6. **澳大利亚** 澳大利亚地处南半球，柑橘是澳大利亚新鲜水果出口中最大的产业，2014年澳大利亚的柑橘出口产值为2.02亿澳元。随着日本、中国和美国市场的强劲需求，澳大利亚的柑橘出口量逐年增长。澳大利亚的柑橘生产主要特点是：柑橘种植相对集中，机械化水平比较高；同时大力发展鲜食柑橘，突出脐橙生产优势，通过品种结构优化布局和果园科学管理，实现鲜果周年供应。

7. **日本** 受气候条件和地势影响，日本柑橘种植面积并不大，但是其宽皮柑橘品种选育、种植技术等在全世界有较大影响。其种植特色主要体现在：第一，重视品种选育和推广，品种知识产权保护意识强；第二，栽培技术精细化、省力化；第三，推行高品质栽培及设施栽培；第四，柑橘鲜果采后商品化处理水平高。

8. **以色列** 以色列位于地中海南边，南北长约400千米，东西最宽约100千米。南部受西奈半岛沙漠影响，年降水量约50毫米，北部受地中海气候影响，年降水量约900毫米。以色列的柑橘单位面积产量一直稳居世界前列，其生产很有特点：第一，柑橘协会统一管理、领导，重视市场研究；第二，生产科研紧密结合，共同发展；第三，以出口为导向，推动高效产业发展；第四，生产标准化、省力化，具备高效的现代化栽培技术体系。

9. **南非** 南非地处南半球，以种植甜橙为主。柑橘生产规模不大，但是产业化经营水平较高，其突出的特点为：第一，柑橘生产和营销组织强大。南非有近4 000个农场，基本上都是通过其柑橘Outspan公司统一出口；第二，重视柑橘管理规程和标准的建立，强调质量监控、重视市场分析和预测。

10. **韩国** 种植范围集中在四面环山、气候稍显温暖的济州岛南部。其主要特点是以温州蜜柑为主要种植品种，种植区域集中成片，推行设施栽培。

三、我国柑橘栽培管理存在的问题与发展趋势

（一）我国柑橘栽培管理存在的问题

我国是全球主要的柑橘生产区之一，是柑橘生产大国但不是柑橘生产强国，柑橘总产量虽然大，但是平均单产低、成熟期较集中、损耗量大、总体效益低下。目前柑橘栽培管理上主要存在以下三方面的问题。

1. **从事柑橘产业的高素质劳动力缺乏，导致果园管理不到位、生产成本上升**　随着农村劳动力大量向城市转移，从事柑橘种植的果农越来越少，且老龄化严重。一方面导致果园管理不到位，比如施肥采用撒施、施药随意等，导致根系上浮、抗性变差，同时病虫害发生严重；另一方面导致果园管理生产成本大幅度上升，10 年前一个人工 30 元左右，现在一个人工 70 元以上，有的地方每个采摘工每天需要 300～400 元，修剪、嫁接每天 200～400 元不等，因此果园效益逐步下降甚至无利可图，部分果园已经荒废。

2. **老果园高大、郁闭，新建园模式仍然比较落后，不利于省力化管理**　我国柑橘的大发展时期在 20 世纪 80 年代中后期，当时建园主要采用计划密植模式和精细管理。因劳动力逐步减少、管理不到位等因素的影响，目前这批果园多数都高大、郁闭，果园园相非常差，不方便田间管理。除此之外，在新发展果园时，仍然缺少适应现代省力优质种植管理的新建园模式。随着大量的民营资本的进入，许多地方出现了规模化的柑橘种植园。虽然新建园的果树种植很规范，但是很少对果树种植沟进行预先改土，株行距还是 3 米×2 米（计划密植）、3 米×4 米或 4 米×6 米等，种植的垄是垄宽沟窄。

3. **田间果园管理水平差别大、整体落后**　我国现有的果园管理主体主要是果农个体，只有很少一部分果园是企业化形式运作，由于果农知识水平、理念以及技术水平等不同，导致果园管理水平参差不齐，虽然目前有一部分现代化果园应用了机械、水肥一体化

等管理设施，但是我国柑橘整体管理水平还是相当落后、缺少系统性管理思想或理念。

（二）我国柑橘栽培管理的发展趋势

虽然我国柑橘种植管理技术上存在以上一些问题，但是发展柑橘产业对提高人们生活质量、乡村振兴和脱贫致富十分重要，并且我国的柑橘产业仍然具有巨大的发展潜力。基于我国柑橘产业发展中存在的栽培管理问题和持续健康发展的需求以及参照世界上柑橘生产强国的生产管理特点，我国柑橘产业栽培管理方面将呈现如下发展趋势。

1. **树体管理将向矮化、扁形化方向发展**　作为鲜食为主的柑橘产业，树体管理必须改变过去的高大树形、圆头形树形的管理模式，只有向矮化、扁形化方向发展，才能方便管理、提高管理效率。

2. **田间管理由过去单株为管理对象变为以单行为管理对象**　过去田间管理如施肥、修剪、施药等，都是以单棵树为对象进行管理。如修剪时要围绕一棵树转 1～2 圈才能修剪完，未来管理必定是以行为管理对象，修剪时利用机械围绕一行转一圈就可以完成一行树的修剪工作，大大提高修剪效率。

3. **生产管理方式将向社会化、组织化方向发展**　未来的柑橘栽培管理在技术上会进行社会化分工，由专业人员完成一些田间管理工作；生产组织上会在同一个组织下进行分工合作，使管理标准化、并向产供销一体化方向发展。

4. **田间的一些具体管理向省力化、智能化方向发展**　劳动力不足和劳动成本大幅度上升，一定会促使柑橘生产主体不断采用省力化技术，最终实现果园管理智能化，使种植柑橘实现低成本、高品质、高效益，从而持续健康发展。

第二章

柑橘主要生物学特性

只有掌握柑橘的生物学特性，才能根据实际情况，灵活采取合理措施，实现果园稳产优质目标。

一、根的生物学特性

根不仅能起到固定作用，还有从土壤中吸收水分和矿质营养供树体和花、果生长发育的作用。由于根系在地下，在生产实践中往往由于管理跟不上或者管理错误而导致地上部分发生叶片黄化、落叶、裂果、落果等现象。了解根系的生物学特性、养护好根系，对改善园相、稳定产量、提高果实品质具有重要意义。

（一）柑橘根系结构

柑橘根系结构与所采用的砧木密切相关，栽培柑橘多数采用实生苗作砧木，一般具有完整的根系结构，即柑橘的根系有主根、侧根和须根之分。主根主要是初生根，主要向下生长，侧根是次生根，主要向四周发散生长，而须根上面有根毛和菌根，主要作用是吸收水分和养分，供植株生长发育。

根系结构特点因砧木品种不同存在差异，目前应用较多的砧木是枳、红橘、枸头橙、枳橙、香橙和酸柚。一般枳主根浅，侧根发达，红橘、枸头橙、枳橙、香橙和酸橙等的主根发达。

（二）柑橘菌根

柑橘根系须根上根毛较少，必须要与土壤中的真菌形成菌根才具有较强的水分、养分吸收能力。柑橘砧木根系一个最大的特点就是在田间栽培的土壤条件下根毛稀少甚至缺乏，因此与桃、李、梨等相比，种植的柑橘苗当年生长相当缓慢，只有经过半年左右与土壤的真菌形成菌根后，才具备大量吸水、吸肥的能力，从而使柑橘苗木快速增长。

柑橘的菌根主要以内生菌根为主，即真菌的菌丝体进入根的细胞内、外面形成丛状分枝，依靠菌根扩大吸收面积和分解土壤中的矿物质，以增强养分和水分的吸收能力、提高植株的抗性。

（三）根系抗性

柑橘根系的抗性与砧木类型有密切关系。枳耐寒、耐湿、不耐盐碱，在海涂、盐碱地、石灰性土壤等碱性土壤上极易表现缺铁黄化；同时抗脚腐病、根结线虫，易感染碎叶病、裂皮病。枸头橙则抗旱、耐涝、耐盐碱，生长强健，在海涂、盐碱地和石灰性土壤中仍然具有较强的吸收铁的能力，叶片表现正常；同时抗裂皮病、碎叶病，对衰退病敏感。红橘、枳橙则耐寒、耐旱、耐瘠薄，其中红橘抗脚腐病、裂皮病，枳橙抗衰退病、立枯病，不抗裂皮病和线虫，对天牛也比较敏感。香橙耐盐碱、抗脚腐病和流胶病。

（四）根系生长和分布

1. **根系生长规律及影响因素**　柑橘根系一年中有几次生长高峰，在不同的柑橘产区有一定的差异。冬春温暖，土壤温度、湿度较高的华南柑橘产区，一般是先长根后发春梢，春梢大量生长时，根系生长微弱；在大量春梢转绿后，根系生长开始活跃，至夏梢发生前达到生长高峰；以后秋梢大量发生前和转绿后又出现根的生长高峰。但如果早春土壤过干或温度过低，柑橘则先发春梢后长根，一般柑橘根系生长与枝梢生长有较明显的交替现象。

影响根系生长的因素很多，除与根系种类和地上部的生长情况相关外，立地条件下的根际环境，如土壤质地、土壤的温度、通气状况、含水量，土壤 pH 以及土壤的耕作情况等均可影响根系的生长。

一般情况下 23～31℃土温时根系生长、吸收及地上部生长均最适宜；当土温降到 19℃以下时，根生长开始减弱、根受伤后伤口不易愈合，亦难发生新根；在土温达 37℃以上时，根系生长很微弱甚至停止；在土温 40～45℃时，须根等容易死亡。另外，不同砧木根系对土壤温度要求不一样，据相关研究报道，枳和香橙根系生长适温较低，在土温 10℃时开始生长，20～22℃根伸长活动最适宜，25～30℃时生长受抑制，低至 5℃仍然具有吸收能力，但 1℃时只有香橙还有吸水能力。

柑橘根对氧气不足有较强的耐受能力，但是根系的正常生长要求土壤空气中至少含有 3%～4%的氧气，土壤通气良好则柑橘须根发生多。含氧量在 2%以下时根的生长逐渐停止，低于 1.5%时根有死亡的危险。土壤水分过多、氧气不足时，会产生硫化氢、亚硝酸根（NO_2^-）、氧化亚铁等使根系中毒，特别是在夏季淹水几天后便会产生硫化氢，约达 3 毫升/米^3 时就会使柑橘根中毒坏死。

根系生长发育需要良好的通气条件的同时也需要足够的水分。柑橘根系生长适宜的土壤含水量约为田间最大持水量的60%～80%，土壤绝对含水量 17%～18%，土壤有效含水量在 20%。如果田间持水量低于 40%，根系和枝梢将停止生长，须根衰老加速甚至死亡。

土壤 pH 也是影响根系生长的一个重要因素，一般柑橘根系在 4.8～7.5 的 pH 范围的土壤中都可以生长良好，超出此范围，可能对根系产生毒害，或者引起矿质元素的可利用性发生改变，产生缺素、元素过量而导致植株生长不良。

2. **根系分布特点**　根系分布一般可以分解为水平分布和垂直分布两个方向，水平分布一般可达树冠的 2 倍以上，而垂直分布取决于土壤条件和砧木种类。

柑橘根系的分布依种类、品种、砧木、繁殖方法、树龄、环境条件和栽培技术（如限根栽培）不同而异。柚类、酸橙、甜橙等根系较深，枳、金柑、柠檬、香橼、柑和橘等较浅。枝梢直立性强的椪柑较深，枝梢开张披垂的蕉柑、本地早较浅。土层疏松深厚、地下水位低的根系深，反之则浅。

二、芽的生物学特性

（一）芽是复芽

柑橘的芽由一个主芽和几个副芽构成，称为复芽。通常只是主芽萌发，如果营养水平高，主芽和部分副芽可以同时萌发，在一个节位上抽发多根新梢。如果先萌发的主芽伤亡或被人工抹除，会刺激同一节位的多个副芽萌发。

（二）芽具有早熟性

柑橘所形成的芽一旦基本发育成熟，只要养分供应充足，气候适宜，新芽就能马上萌发抽梢，即当年形成的芽当年即可萌发，称为芽的早熟性。可以利用芽的早熟性加速树冠培养，促进提早结果。

（三）花芽是混合芽

柑橘的芽可以分为叶芽、花芽和潜伏芽，其花芽是混合芽，不仅能开花，而且还可以抽生营养枝。如果营养不足，柑橘的花芽则可能抽不出营养枝而成为无叶顶花枝。

（四）潜伏芽的寿命比较长

柑橘的芽在生长季节没有萌发，成为潜伏芽或休眠芽，也叫隐芽。这种芽一般着生在枝条下部或多年生枝上，距枝条的基部越近越难萌发。潜伏的时间有数年至数十年不等，而只要给予潜伏芽强烈刺激就可以萌发。生产上常利用潜伏芽这个特性，进行重短截或回缩更新树体或枝梢。

三、枝梢的生物学特性

（一）枝梢自剪特性

柑橘的新梢长到一定时期后，前端停止生长，顶端1～4芽会自行产生离层而脱落，这种现象叫顶芽自剪。柑橘新梢一旦发生自剪现象，就说明新梢基本成熟。

由于柑橘枝梢具有自剪特性，因此没有顶芽，枝梢曲线延伸，且枝梢下面容易分枝。

（二）枝梢的形状特点

新梢嫩绿色时，横切面呈三角形，带有棱脊，随着老熟逐渐变为圆形。另外，原始种类、实生树和徒长枝上多带有针刺。在结果期的宽皮柑橘及金柑的正常生长枝和结果枝上看不到针刺。

（三）枝梢生长间歇性

柑橘新梢一年有3～6次甚至更多次生长，生长呈间歇性，从而形成春梢、早夏梢、晚夏梢、早秋梢、晚秋梢和冬梢等不同类型梢。对应的枝梢形成层的活动也有间歇性，新梢伸长期间形成层活动微弱，新梢伸长停止后，形成层逐渐活跃。形成层分裂活动旺盛期是枝干加粗生长最快、树皮与木质部最易分离的时期，也是芽接最适期。

（四）枝梢类型和特点

根据柑橘枝梢的作用可以分为结果母枝、结果枝和营养枝；根据抽生时期可以分为春梢、早夏梢、晚夏梢、早秋梢、晚秋梢和冬梢，不同地方自然生长情况下抽生新梢次数有差别，偏北地区只有春梢、夏梢和秋梢3次梢。生产管理调控到位的情况下，根据目的可以抽5～6次梢或1次梢。

1. **结果枝** 当年形成的能够开花并结果的枝梢。根据有无叶以及花的数量，可以分为有叶顶花枝、无叶顶花枝、无叶花序枝、有叶花序枝和腋花枝5个类型（图2-1）。

　　有叶顶花枝　　　无叶顶花枝　　　无叶花序枝　　　有叶花序枝　　　　腋花枝

图2-1 柑橘结果枝类型（袁野绘）

2. **结果母枝** 着生结果枝的枝梢统称为结果母枝，一般柑橘的结果母枝不是当年生枝梢（柠檬、金柑等多年开花的品种，当年形成的枝梢可以成为结果母枝）。柑橘的春梢、夏梢、秋梢只要健壮充实且老熟时间适宜，都可能分化花芽成为结果母枝，但是更多的是上一年的末级梢成为翌年的结果母枝。在同一株树上各种结果母枝的比例随品种、树龄、生长势、结果量、气候条件和栽培管理情况而变化。树势中庸的盛果树、衰老树多以春梢为主要结果母枝，树势旺的树一般以秋梢为结果母枝。

3. **营养枝** 营养枝是指只着生叶而不开花的枝梢。每棵树必须有一定量的营养枝，以制造大量的碳水化合物供应植株生长发育和果实发育等，同时健康的营养枝在一定条件下可以转化为翌年的结果母枝。

4. **春梢** 春梢指立春前后至立夏前抽生的新梢，是一年中最重要的枝梢。因温度较低，水分不多，树体又经冬季休眠，贮藏的养分较充足，因此一般发梢多而整齐、枝梢较短、节间较密。春梢上的叶片一般是判断品种的标准叶。未继续抽生夏梢、秋梢的春梢很容易成为翌年的结果母枝。

5. **夏梢** 夏梢指立夏至立秋前抽生的新梢。因其发生时期正处在高温多雨季节，因此生长势旺盛，枝条长、粗壮，叶大而厚，翼叶较大或明显。在自然情况下夏梢萌发不整齐。幼年树可充分利用夏梢培养骨干枝和增加枝数，加速形成树冠，提早结果。对结果期树，大量抽生夏梢会消耗大量的养分，从而加剧落果。

6. **秋梢** 秋梢指在立秋至霜降前后抽生的新梢。生长势比春梢强比夏梢弱，叶片大小介于春梢和夏梢之间。优良的早秋梢（生长充实、及早老熟）很容易成为翌年的结果母枝。

7. **冬梢** 冬梢指立冬前后抽生的枝梢。热带及南亚热带地区以及冬季温暖的地方容易抽生冬梢。暖冬地区的早冬梢可以成为翌年的结果母枝，但是冬梢的抽生会影响夏梢、秋梢养分的积累，不利于花芽分化，一般应尽可能避免其发生。

四、叶的生物学特性

柑橘类的叶一般由本叶、翼叶及叶柄组成，形态多样，如三出复叶（枳）、单身复叶（柚、橙等）等（图2-2）。另外一些种类，如柠檬、枸橼、佛手等则几乎没有翼叶；枳与其他柑橘种类的杂交种如枳橙，植株上有三出复叶、单身复叶和二小叶复叶存在；柑橘远缘种黄皮则为羽状复叶。

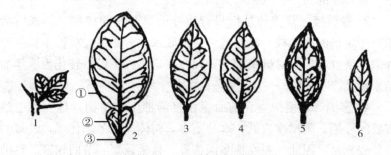

图2-2 柑橘的叶片类型

1. 枳叶 2. 柚叶（①叶身；②翼叶；③叶柄）

3. 酸橙叶 4. 甜橙叶 5. 温柑叶 6. 金柑叶

（邓秀新等，2013）

叶片和翼叶的形状因柑橘类型不同而有差异，如柑橘本叶一般多呈椭圆形、披针形、尖椭圆形或菱形等，但亦有尖卵圆形、柳叶形（柳叶橙）等形状。翼叶的形状有线形、倒披针形、铲形（匙形）、倒三角形（倒宽三角形、倒等边三角形）、倒尖卵形、心脏形等，叶的形状是识别种类、品种的重要依据。另外，叶柄的长短及其与本叶长短的比例在各种类间也有区别。如宜昌橙翼叶与本叶几乎相等，其叶柄比较长，有时与本叶等长甚至超过本叶长度；香橙的叶柄也较长，与本叶长度相比，亦占相当大的比例；柚类叶柄较长，翼叶也较宽，但翼叶占本叶长度比例不大；柠檬、枸橼、佛手等叶柄极短，但本叶都较长，一般叶柄常不及本叶长度的 1/10。

叶片质地厚薄、叶脉显著与否与种类也有关系。一般以柚类最厚，葡萄柚、甜橙、酸橙、金柑等次之，橘类较薄，柠檬等更薄。多数柑橘种类的中脉凸起，但金柑属各种类叶背面脉纹不明显。柑橘属中，柚类脉纹最明显，温州蜜柑、葡萄柚、甜橙、柠檬等次之、蕉柑、椪柑、枸橼等又次之，橘类、香橙、宜昌橙等较不明显。

生产中的柑橘多为常绿性果树，不过柑橘叶片实际上也是会脱落的，只是柑橘叶片在一年中的各个时期都会脱落，其脱落模式不是集中式的。柑橘叶片的寿命与树体营养状况、栽培条件等有关系，一般是 17～24 个月，有的可达 3 年之久，而单叶的生长由展叶到成熟一般要 1 个月左右。

柑橘是低光合效能的植物，在最适条件下的光合效能只有苹果的 1/3～1/2。同时柑橘具有耐阴性，大多数柑橘品种的光补偿点低，如温州蜜柑为 1 300 勒克斯，甜橙和柠檬在 20 ℃和 30 ℃时分别为 1 345 勒克斯和 403 勒克斯，不过柑橘叶片对漫射光和弱光利用率较高。叶片是制造光合产物的重要器官，柑橘叶片的光合效能随展叶后叶龄增加而提高，叶片成熟后光合效能保持高峰，至入冬前下降，二年生老叶的光合效能不如新叶。另外，柑橘光合作用的最适叶温为 15～30 ℃，合成单位干物质需消耗 300～500 倍水分。天气干燥时，最适光合作用的叶温局限在 15～20 ℃，效能较低；

而在空气湿润条件下，最适光合作用的叶温可高达 25～30 ℃，其净光合效能不降低；只有当叶温高达 35 ℃时，光合效能才降低。因此，在土壤干旱而又高温干燥的情况下，空中喷水或土壤灌溉都能提高光合效能。

五、花的生物学特性

（一）花的形态结构

柑橘的花多属于完全花，由花梗、花托、花萼、雄蕊和雌蕊构成。典型的柑橘花有花瓣 4～8 枚，花萼 4～5 浅裂，一般花萼是宿存的，呈杯状结构，花瓣与萼片互生、充分开放时明显下弯。雄蕊数目一般为花瓣数的 4 倍，20～40 枚。雌蕊分化发生较早，由柱头、花柱和子房组成。柑橘花的柱头为球状构造，柱头上的乳突状茸毛能够分泌出甜而具有黏性的液体。花柱和柱头在花瓣脱落若干天后在子房顶部和花柱的交界处产生离层，并从子房上脱落下来。

（二）柑橘花芽分化

1. **花芽分化时期**　花芽分化是柑橘由营养生长向生殖生长转变的关键步骤，花芽分化的时期因种类、产地气候条件等不同而存在差异。枳、金柑和柑橘属三属之间在枝梢上的花芽分化习性有较大差别，其中枳属花芽分化起始于春梢自剪时期，在春末夏初；而柑橘属多数品种的花芽分化发生在秋冬季，与自剪没有直接关系；金柑类的花诱导可以发生于一年中的任何季节，只要在新梢停止生长时期、条件适合的情况下即可开始花芽分化诱导和形态分化。

2. **影响柑橘花芽分化的因素及其调控**　柑橘花芽分化表现出多样性，如柠檬、金柑等在热带地区可以四季开花，柑、橙、橘、柚在正常情况下每年只在春季开花一次，偶有在秋季开二次花的现象，而印度南部那各普尔的椪柑和甜橙则每年 6 月、12 月至翌年 1 月各开花一次，毛里求斯的柑橘则能周年开花。柑橘花芽分化除与品种特性有关外，主要受到以下因素的影响。

（1）**温度** 亚热带地区的冬季冷凉气候是柑橘成花的主要诱导因素，即冬季低温是诱导柑橘完成花芽分化的重要因素。如温州蜜柑在控制温度下生长，15 ℃处理条件下 1.5 个月启动花芽分化，而 25 ℃下就不能完成花诱导。塔西提莱檬植株只有在 18 ℃昼温和 10 ℃夜温条件下才开始花芽分化，处理时间越长，成花率越高。

（2）**干旱处理** 热带地区生长的柑橘，由于冬季缺乏诱导成花的低温条件，其花芽分化则主要与干旱胁迫有关。如金柑、橙等的一年多次开花与当地的旱季密切相关，旱季引起枝条停长，如果停止生长的时间长、积累了充分的养分，当雨季来临重新开始生长的时候便会产生花芽并开花。因此，可以通过控制水分来促进花芽分化。具体操作是：当新梢老熟后，可以对其进行 30 天左右的控水，使部分叶片在中午前后萎蔫、变卷，部分老叶脱落后开始正常灌水、施肥，就能够促进当年新梢完成花芽分化并开花坐果。

（3）**积累碳水化合物** 在枝梢老熟后，通过拉枝、环剥（环割）等措施，促进碳水化合物积累，可以促进花芽分化。

（4）**内源激素平衡** 赤霉素抑制花芽分化，而抑制赤霉素的生物合成、运输的生长调节剂都有利于促进花芽分化，如多效唑、矮壮素等。

（三）柑橘开花特征

柑橘分布范围广，各柑橘产区的气候差异大，因此不同产地的柑橘开花期明显不同。北半球一般在 2~4 月，南半球一般在 8~10 月。虽然亚热带地区的甜橙、葡萄柚、温州蜜柑都集中在春季开花，但是柠檬和塔西提莱檬在亚热带条件下全年内可以多次开花。而另外一些适应亚热带条件的品种如伏令夏橙，若栽培在热带地区，则可以常年陆续开花。

柑橘从花的发育到开放时间较长。据刘孝仲（1985）观察，锦橙从出现极小的绿色花蕾、逐渐膨大至花瓣开裂，时间长达40~50天。柑橘开花早晚、花期长短与气候和品种有关。华南地区开花较早，但开花不整齐，花期持续时间较长；华中地区开花较迟，花期集中，持续时间较短。华南地区甜橙一般在 3 月上中旬开始开花，花期 30～40 天，盛花期 10～15 天，而湖南甜橙在 4 月中旬开花，温州蜜柑在 4 月底至 5 月初开花，整个花期长约 10 天。

六、果实的生物学特性

（一）柑橘果实坐果特征

柑橘大多数品种需经授粉受精才能结实，但温州蜜柑、南丰蜜橘、脐橙及一些无籽橙、无籽柚可以不经受精单性结实。正常情况下，柑橘多数品种自交亲和，但是少数品种，如沙田柚自花授粉条件下坐果率低。

不受精而结实的现象称为单性结实，通常单性结实不产生种子。柑橘的单性结实主要属于自发性单性结实，其原因主要是性器官败育。如脐橙是雄性败育，其花粉母细胞能够分化但是后期退化而不能形成成熟的花粉；温州蜜柑主要是花粉不育和雌性器官多数退化。不过在温暖地区、温度较高年份或在 15～20 ℃的温室中，可以产生较多能育的花粉。另外，南丰蜜橘自花、异花授粉均结成无核果，是由于胚受精后退化消失所致。

（二）柑橘落果原因

柑橘从花蕾期到果实成熟至少有一次生理落花和两次生理落果，以及因管理不当和病虫害等原因导致的若干次非生理落果。生理落果一定会发生，但是可以减少生理落果数量。

1. **生理落花** 生理落花主要是由于花器官发育不良，导致不能完成正常授粉受精而落花，花期阴雨连绵、水分过多将加重生理落花。

2. **第一次生理落果** 第一次生理落果发生在花后 30 天内、带果柄脱落，主要是受精不良的缘故。

3. **第二次生理落果** 第二次生理落果发生在花后 50 天左右，不带果梗脱落，主要是营养不足所致，在此期间若大量抽生夏梢、发生干旱或发生病虫害，将加剧第二次生理落果现象。一般情况下，第二次生理落果结束后树上的果实数量将基本稳定下来。柑橘的最后坐果率一般在5％之内。

4. **非生理性落果**　管理不当、病虫害发生严重以及恶劣天气影响等原因将直接导致落果，或果实发生裂果、脐黄等现象后再落果。

（三）果实生长特征

柑橘果实自坐果后到果实采摘需要经历5～12个月，可以将果实的生长发育过程分为细胞分裂期、果实膨大期和成熟期三个阶段。

1. **细胞分裂期**　细胞分裂期主要是指盛花期到果实各个组织形成的时期，如子房壁发育而成的果皮分化成白皮层和黄皮层，子房心室内壁发生突起特化形成汁胞等，此时期末果实各组织的细胞分裂结束。细胞分裂期主要是果皮和汁囊的细胞反复分裂以增大果实，实际是细胞核数量即核质增加。

根据对甜橙、柠檬、温州蜜柑等的研究，这个时期果实的增大主要是果皮增厚，到细胞分裂末期，甜橙果皮厚度约占全果横断面的2/3。当甜橙、柠檬小果横径达20毫米左右、温州蜜柑9毫米左右，汁囊和海绵层都停止了细胞分裂。

细胞分裂期的长短会因不同年份气候差异而不同，一般需要4周以上。

2. **果实膨大期**　果实膨大期细胞增大主要是细胞体积增大，果实膨大期是果实体积和鲜重快速增加时期。前期主要是果实的海绵层细胞增大，后期则海绵层逐渐变薄、汁囊迅速增长、增大，彼此易分离，汁囊含水量迅速增加。此时期一般需要2～4个月。

3. **成熟期**　成熟期特征是果实继续膨大，但是速度缓慢；果实的色泽和风味发生显著变化，是果实外观（色泽）和内在品质形成的重要时期。此时期一般经历2～4个月。

成熟的柑橘果实主要呈现橙黄色等颜色。正常情况下，果实临近成熟时，由于气温下降（低到15℃以下），叶绿素合成受抑制并不断被分解，类胡萝卜素的合成不断增加，最终使果皮显现出黄色、橙黄色、橙红色，甚至红色和紫红色。如果成熟阶段温度较高，则果皮叶绿素分解较慢、甚至不分解，则果皮着色较差或仍然保持绿色（如海南的绿橙）。

果实进入成熟阶段后，一般果实中的有机酸会下降、可溶性糖上升，风味变甜。在成熟过程中一些田间管理会对果实的品质产生影响，如成熟阶段适当灌水施肥对增产有一定作用，但供水过多会延迟果实着色成熟，使果汁糖酸含量降低，不耐贮藏。而果实采前一段时期应适当控制灌水，可以促进果实成熟，改善果实风味及贮藏力。

（四）柑橘果实的结构特征

柑橘果实是由子房发育而成的柑果（图2-3）。果实的黄皮层（外果皮）是由子房外壁发育而来，富含色素和油胞（内含精油）；果实的白皮层或海绵层（中果皮）是由子房中壁发育而来。果实的可食部分由囊瓣和果心组成，囊瓣由子房的心皮发育而来，由囊衣和汁胞构成，其中囊衣由子房内壁心室皮发育而来，汁胞是由心室内壁细胞凸起后发育而来。柑橘种子是由胚珠受精后发育而来，不同品种的种子形状和颜色不同。

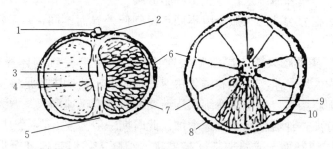

图2-3　柑橘的果实

1.果梗　2.果蒂（萼片）　3.中心柱　4.种子　5.果顶　6.外果皮（油胞层）

7.中果皮（白皮层）　8.油胞　9.囊瓣　10.汁胞

（邓秀新等，2013）

第三章
柑橘生长发育对环境条件的要求

柑橘分布范围广，不同地区由于气候和环境条件不一样，物候期出现的时间就有差异，同一时间的管理措施就不一样。因此，有必要了解柑橘生长发育对环境条件的要求，根据实际情况对栽培管理措施进行灵活调整，以生产出优质果品。

一、对温度的要求

（一）温度与柑橘分布

柑橘属于亚热带常绿果树，虽然分布广泛，但是不同类型柑橘的具体分布却严格受温度条件的限制。与柑橘分布相关指标主要包括年平均温度、冬季最低温和生长期积温等。适宜柑橘生长的年平均温度在 15～23 ℃，≥10 ℃的年积温在 5 000～8 000 ℃，冷月均温在 6.0～13 ℃，最低气温历年平均在 −4～1 ℃。

不同品种对平均温度要求不同，温州蜜柑要求年均温在 15 ℃以上，脐橙要求年均温 17 ℃左右，锦橙要求年均温在 17.5 ℃以上，伏令夏橙则要求年均温在 18.0 ℃以上。另外，冬季绝对低温是决定柑橘品种能否种植的核心指标。枳能忍受的最低温为 −20 ℃以下，金柑−11 ℃左右、温州蜜橘−9 ℃左右、甜橙−6 ℃左右、柠檬−5～−3 ℃。柑橘忍受低温的能力与树体营养状况、枝梢老熟程度、地下水位高低等有密切关系。另外，柑橘果实和花忍受低温能力较低，温度降至 0～5 ℃时果实易脱落，−4.0～

－3.5℃时，果实会被冻坏。

（二）温度与柑橘生长发育

柑橘一般在12.8℃或13℃开始生长，故将12.8℃定义为柑橘的生物学零度，平均温度＞12.8℃的时期称为柑橘的生长季节。

柑橘种子萌发的温度范围在20～35℃，最适温度在31～34℃，不同品种之间存在一点差异。

柑橘树营养器官的生长发育与温度和积温存在密切关系。12.8℃或13℃是柑橘生长的最低要求温度，通常多数柑橘品种在生物学零度以上才能萌芽，15℃以上新梢才能迅速生长，最适范围在25～30℃，而超过37℃将停止生长。正常情况下，只要能够保持13～37℃温度范围，柑橘枝梢一年四季都能生长。根系生长对土温要求与地上部大致相同。一般情况下根系生长最适土壤温度在25℃左右，当低于13℃或超过37℃时，将停止生长。

在北半球，生产实际证明在亚热带地区冬季晚上温度在10～14℃，白天温度在17～20℃将有助于柑橘花芽分化。另外，春季柑橘开花期的迟早和长短也与温度有关，一般柑橘开花的适宜温度在17℃左右，温度过低花期将推迟，若遇到30℃左右的异常高温花期将缩短。

（三）温度对产量和品质的影响

适宜的温度和有效积温，对柑橘果实的发育、果实形状、体积和品质形成等都有重要的影响。柑橘从萌芽开花到果实成熟要求≥10℃的有效积温范围在3 000～3 500℃，积温越大，成熟越早。温州蜜柑果实膨大期生长和品质与最高气温≥35℃的天数、≥10℃积温关系密切。

温度对果实的风味有显著影响，在一定范围内，温度增高可溶性固形物或糖含量增加，酸含量下降，果皮变薄，品质变好。如甜橙的品质在≥10℃积温低于8 000℃时，随气温的升高其含糖量和糖酸比随之上升，含酸量逐渐下降，品质好。除此之外，成熟期的昼夜温差与柑橘果实可溶性固形物含量、固酸比等均存在明显正相关关系。

温度还影响果实着色，高温地区由于冬季温度高，导致叶绿素不能完全降解、果实色泽较淡，低温地区的果实色泽较浓，较耐贮运。

二、对光照的要求

柑橘较耐阴、喜漫射光，年日照 1 200～2 200 小时基本都能够满足柑橘生长发育需要，其光补偿点为 3.5 万～4 万勒克斯。不同柑橘品种类型对光照要求有差异，如温州蜜柑对光照的要求比甜橙和杂柑类高。柑橘不同生育期对光照的要求也不同：柑橘幼叶、花蕾期所需光照度比新梢和果实旺盛生长期少；果实成熟后期，充足的光照有利于果实着色和提高果实的糖分；幼年树比成年树耐阴，冬季较萌芽、开花、枝梢生长和果实着色成熟期耐阴，营养器官较生殖器官耐阴。

光照过强或过弱对柑橘的生长发育均不利。光照过弱会使柑橘叶片变薄、变平、变大，节间细长且生长势强，表现为徒长，同时细根发生数少，伸长量减少；光照较弱会使花芽分化不良，坐果率降低，加剧生理落果；果实膨大期光照不足果实将变小，含酸量增加，含糖量减少，品质低劣；光照差还会导致柑橘园内发生流胶病、炭疽病和一些虫害；光照过强也不利于柑橘生长，容易引起日灼。

三、对水分的要求

柑橘喜湿润环境，适宜的降水和湿度有利于柑橘果树的生长发育和产量品质的提高。年降水量 1 000～2 000 毫米，空气相对湿度 75%～82%，土壤相对湿度为 60%～80%，比较适合柑橘生长，具体需水量多少与生长发育期和当时的蒸发量有关。柑橘生长发育的不同时期需水量不同，如柑橘萌芽、新梢和果实膨大期对水分需求较多，而果实成熟期、相对休眠期对水分需求较少。

水分过多过少都对柑橘生长发育不利。水分不足会引起萌芽延迟、影响新梢生长、加剧生理落花落果，果实在膨大期如遇久旱就会导致水分不足、生长发育受阻、果实干瘪、可溶性固形物含量降低。水分过多会影响树体开花、降低果实品质、烂根死树；柑橘花期至第二次生理落果期结束前，降水过多会影响授粉、降低坐果率。果实膨大期久旱降大雨，往往会发生裂果；果实迅速膨大期至成熟期降水过多，可溶性固形物含量降低、风味变淡，同时还影响贮藏性。

空气相对湿度对柑橘品质也有显著影响。空气相对湿度过高容易导致病虫害滋生；空气相对湿度过低（低于 60％），就会影响开花、授粉，还会降低结果率，在果实膨大期则影响果实膨大和产量形成，在成熟期有利于提高糖含量和糖酸比，但会使果实的果皮粗糙、囊壁增厚、果汁变少，品质下降。

四、对其他环境条件的要求

（一）土壤

丰产优质柑橘园要求土层深厚（活土层深度在 60 厘米左右）、土壤肥沃、质地疏松（壤土或沙壤土）、有机质含量高（3％以上）、保肥保水性能好、地下水位低（1 米以下）、排水性能好。

柑橘对土壤的酸碱度适应范围极广，在 4.8～7.5 的 pH 范围内均可栽培，不过以 6.0～6.5 为适宜。在碱性土壤里，可以利用酸橙、粗柠檬、红橘、枸头橙和枳雀等耐碱性较强的砧木进行栽培。

（二）风

微风、小风可有效改善园内和树冠内的通风状况，有利于柑橘树体生长，同时还可防冬春的霜冻和夏季的高温危害以及减少病虫害的发生。

（三）地形

地形包括地势（海拔）、坡向或沟（谷）向、坡度，这些因素通过影响土层厚度、土壤温度、气温、土壤微生物种群和数量、土壤养分有效度等间接影响柑橘生长。柑橘种植以丘陵、低山为主，以东南坡和西南坡最好。坡度最好在 25°以下，坡度越大越不利于水土保持并且会增加管理难度。

第四章

柑橘苗木生产精细管理

　　培育无毒健壮大苗是柑橘优质丰产的基础。一颗砧木种子从播种到嫁接并培育出符合国家标准（GB/T 9659—2008）的柑橘嫁接苗出圃质量指标的嫁接苗然后出圃，目前最少需要 18 个月。苗木生产精细管理主要包括砧木苗木培育、无检疫性病虫害的柑橘接穗嫁接、嫁接苗培育和出圃四个方面。

一、第一年春季精细管理

（一）选择育苗场地

　　在 2 月之前要选好育苗场地。

　　柑橘育苗有露地育苗和设施育苗两种方式，对于非疫区可以选择露地育苗，对于疫区则需要选择设施育苗。

　　露地育苗的场地选择首先要考虑的是安全隔离性，要求周边1.5 千米以内无柑橘类植物；其次，育苗场地平坦、开阔向阳、水源充足、排灌方便、利于集约化育苗管理；最后，育苗场地应交通相对便捷，以利于苗木运输。

　　设施育苗要选择一个地势平坦、交通便捷的地方，按照一定标准建设 40～60 目[*]防虫网室。

---

　　* 目为非法定计量单位，目是指每平方英寸的筛网的孔纹，其中 1 英寸≈2.54 厘米。

（二）砧木播种

砧木播种可以在3月之前完成。

1. 砧木选择　适宜柑橘嫁接的砧木品种较多，包括枳、红橘、资阳香橙和酸柚等，但每个柑橘产区应根据与当地主栽品种亲和性、土层瘠薄程度和土壤酸碱性情况来选择不同的砧木品种。如湖北、湖南产区主要选择枳作为砧木，广东梅州沙田柚的砧木主要是酸柚，西南碱性土的砧木主要是资阳香橙和红橘等。部分砧木的特点简单介绍如下。

（1）枳　枳是应用十分普遍的一个柑橘砧木品种，抗旱、抗寒、抗脚腐病、抗流胶病和抗线虫病，嫁接后可使树形矮化、提早结果。但是不抗裂皮病、不耐盐碱。

（2）红橘　红橘根系发达，树冠直立性强，作为砧木嫁接后长势旺，结果比枳砧木晚1～2年，但后期丰产性强。抗裂皮病、脚腐病，耐瘠薄、耐盐碱、耐涝。

（3）资阳香橙　资阳香橙根系茂盛、须根多，嫁接后长势旺，但比红橘砧和本砧早结果、丰产、矮化。具有抗旱、抗寒、耐碱特点，可作为柠檬、沃柑、不知火、春见的嫁接砧木。

（4）酸柚　酸柚根系深，较耐旱、不耐涝，主要作为良种柚和柠檬的砧木，嫁接后长势旺、高大、丰产。

（5）枸头橙　枸头橙属酸橙，主产于浙江。根系发达、抗旱、耐盐、耐湿，较耐寒、抗脚腐病、不抗衰退病，是海涂种植柑橘时的良种砧木。

2. 播种

（1）准备播种穴盘或播种苗床　在播种前1周左右准备好穴盘（128孔或100孔的标准穴盘）或者育苗床以及播种用的基质。

播种用的基质要求疏松透气、养分充足、保水保肥、没有病虫，一般是园土或塘泥＋充分腐熟的厩肥、粪草堆肥、草炭土或森林腐殖土，充分拌匀。三峡库区秭归县育苗容器袋营养土配制方法推荐将珍珠岩、草炭与河沙按照1：1：1体积比配制，保障容器袋疏松透气，便于后期肥水管理。

准备好的营养土可以用蒸汽消毒，或用甲醛消毒。具体操作是：35％～40％甲醛水溶液1升兑水100千克，然后喷洒4 000～5 000千克（1米³）培养土，喷后把床土拌匀，并在土堆上覆盖塑料薄膜闷2～3天（注意戴防护口罩等），然后揭开塑料薄膜，晾放7～14天再使用。也可以用多菌灵（50％可湿性粉剂）消毒培养土：把多菌灵（或代森锌、硫菌灵）配成水溶液（稀释300～400倍）后，按每1 000千克床土25～30克的多菌灵的比例喷洒，喷后把床土拌匀用塑料薄膜严密覆盖，2～3天后即可杀死土壤中的枯萎病等病害病原菌。准备好播种基质后，将穴盘装好以备播种。

苗床准备：选择土壤疏松肥沃的平地或缓坡地做苗床，于播种前1～2周浅翻、施肥（每亩施腐熟的有机质肥1吨）、碎土，然后整成1米宽左右的畦面。苗床可按照播种基质方式用多菌灵或甲醛进行消毒处理。

（2）种子处理和播种 按50千克/亩左右的数量准备籽粒饱满、颗粒均匀、有活力的种子。先进行温汤浸种消毒处理，即先用55℃的温水浸泡50分钟，自然冷却后继续浸泡过夜（也可以参照其他浸种消毒处理方式）。然后将种子点播到穴盘中，点播深度1厘米左右即可，也可撒播在苗床上再覆盖1厘米厚细土（以不露出种子为标准）。

（3）覆盖处理 播种后，苗床育苗当天完成搭拱棚覆膜。要求使用消毒后的薄膜或新薄膜。覆膜期间注意膜内湿度情况，雨后天晴注意降低湿度。当砧木苗有4片叶，高度达到10厘米时可以揭掉拱棚膜开始炼苗。

3. 容器苗培养场地或露天育苗场地准备 苗木培育可根据实际需要采用容器育苗或露天育苗。在种子播种萌发期间需要提前做好容器苗培育场地或露天育苗场地准备。

（1）容器苗培养场地准备 首先准备好消毒的营养土。广东梅州采用暴晒后粉碎的菜园土、细沙、谷壳按1∶1∶1的体积比混合后配制，基质配制后用甲醛消毒然后覆膜。每立方米营养土均加入过磷酸钙1.7千克，尿素1千克，硫酸钾800克，硫酸铁500克，硼酸0.75克。其次准备圆柱形聚乙烯塑料袋，袋下部有透气孔。一般的育苗容器上口直径12厘米、高30厘米左右。为了培育大苗可以采用大口径的营养袋或营养杯，如秭归良繁场采用装营养土后直径>15厘米，高度>25厘米的营养袋。最后，营养袋或营养杯要正确摆放。营养袋或营养杯填装营养土后（留2厘米左右不装土）摆放在培养架上或平地上。地面最好覆上园艺地布再摆放营养袋或营养杯，以控制杂草。为便于日常管理与秋季嫁接，营养袋每厢摆放8个，厢间距在40~50厘米。营养袋装填营养土后，袋间无缝隙，摆放整齐。

（2）露天育苗场地准备 选择地势平坦、土壤肥沃、排灌方便的地方做露天育苗场地。首先每亩施1~2吨腐熟的有机质＋1袋优质的高氮低钾型的复合肥（40~50千克），然后进行深翻（40厘米左右）、碎土，做成1米宽左右的畦面。按照前面播种床消毒方式进行消毒处理。

二、第一年夏季精细管理

（一）砧木苗移栽

当播种的砧木苗老熟，即叶片转绿、枝叶变硬，手抓握有刺痛感时，可以进行移栽。根据播种苗木萌芽情况，苗木移栽可以在春季清明节前后甚至更早时候进行。

穴盘育苗移栽相对比较容易。将穴盘苗取出，直接移栽到事先准备的营养袋或营养杯中即可，或者按照株行距10厘米×25厘米移栽在露天苗木培育场的畦上。

播种苗床的小苗移植前土壤要灌透水，移苗时尽量保护根系，过长主根留17~20厘米截短，然后移栽到营养袋或营养杯中，或按照株行距10厘米×25厘米移栽在露天苗木培育场的畦上。

幼苗移栽时要剔除劣、病、弯曲苗，并按大小分级；移栽时注意不要弯曲主根；移栽后及时浇定根水。

（二）砧木苗移栽后的管理

1. 肥水管理 夏季是砧木苗快速生长的时期，对肥水需求量大。因此，移栽后需要及时充分浇水，待缓苗期结束后开始采用薄肥勤施方式适量补充速效营养，以保持苗木叶色浓绿，由于配制营养土时添加了速效肥，一般不需要过多追肥。最好采用滴灌系统、管道施肥枪系统或微喷系统进行施肥灌水。

2. 病虫害管理 砧木苗移栽后要根据温湿度变化和虫情预测，做好病虫害防控。砧木苗木培育时主要的虫害是红蜘蛛。可选用20%丁氟螨酯悬浮剂 2 000 倍液、22%阿维·螺螨酯（2%阿维菌素和 20%螺螨酯）悬浮剂 5 000 倍液等药剂防控。

3. 萌蘖管理 为提高秋季嫁接砧木的光滑度和粗度，夏季管理时，砧木苗 15 厘米以下的分枝萌蘖要及时清除，提高嫁接位置的光滑度；当砧木苗生长达到 35 厘米时开始摘心，目的是控制其顶端优势，提高嫁接位置的粗度。

4. 除草 袋内有杂草时及时人工清除，避免争夺肥料和养分。一般经过消毒后的营养土中第一年杂草量较少。

三、第一年秋季精细管理

（一）肥水管理

在 8 月上旬，根据天气情况进行灌溉，避免过分干旱。在嫁接前 3 天左右灌一次透水，嫁接时不能灌溉。

（二）砧木整理

对于容器砧木苗，嫁接前对砧木大小进行初步筛选，将适宜嫁接的整理在一起，将当年秋季不适宜嫁接的另归纳在一起，以提高嫁接人员的嫁接效率。

对嫁接部位进行清理，即去除砧木苗离地 10 厘米高处的叶片与刺，以提高嫁接成活率。

（三）接穗的采集

接穗必须从专业、无病毒采穗圃中剪取。以健壮、老熟、芽体饱满的无病虫害的枝条作为接穗。春梢、夏梢、秋梢都可以作为接穗，但是以春梢、秋梢最好。接穗采集时，要及时去掉叶片（留 0.5 厘米左右的叶柄），将形态学下端朝下，100 根为一捆。随后及时用湿布包裹好或用密封袋装好，放到阴凉处暂时存放，采集完毕后带回室内冷凉处贮存。

（四）接穗消毒

用 72％硫酸链霉素可溶粉剂稀释 1 000 倍和 1％乙醇的混合液浸泡 30 分钟，取出静置几分钟后，清水冲洗并阴干待用。

（五）接穗的贮藏

一般情况下，随采随接。短时间嫁接不完的接穗可用保鲜膜包好置于阴凉处或冰箱（4 ℃）冷藏，做好标签，谨防混杂。

（六）嫁接

8 月底至 10 月初是柑橘采用芽接技术进行嫁接的最佳时期。嫁接时嫁接刀和枝剪刀先用 75％酒精消毒；嫁接人员的衣服与鞋可以使用硫酸链霉素消毒 30 分钟；其他需要嫁接的相关物品可以在紫外线房间消毒。广东梅州地区嫁接时要求工作人员在进入柑橘无病毒苗圃工作前换好衣服和鞋子，用肥皂洗手。操作时，人手避免与植株伤口接触。

在砧木苗离地面 10 厘米处、直径达到 5 毫米以上的砧木茎上采用嵌芽接（又叫长方形芽接、芽片腹接）技术进行嫁接。

嫁接 1 周后，根据营养土的水分状况适时适量灌水保墒，嫁接后 10 天左右检查嫁接成活率，未成活应及时补接。

四、第一年冬季精细管理

（一）继续除草

袋内或苗圃地上杂草过多时，需要及时清除杂草，杂草清除宜早宜小，若杂草太大、根系太深时，拔出杂草后需要对土壤进行压实，并及时灌溉。

（二）水分管理

根据营养土的水分状况，间隔一段时间适时适量灌水保墒。在有冻害的地方，冻害来临前一周灌透一次防冻水。

（三）清园消毒

11 月下旬苗圃地进行清园消毒，对于冬季温暖的地方，可以推迟到 12 月下旬或翌年 1 月上旬进行。冬季清园时，首先剪除有虫、卵的枝梢，清除园内坏死苗木，然后全园喷施石硫合剂、矿物油或松脂合剂，以消灭越冬虫源。

（四）防冻管理

露地育苗需时刻关注天气变化，在极端天气到来前完成覆膜或覆盖稻草。若有大雪，需要及时清除防虫网和薄膜上的大雪，防止大雪压断苗木。

五、第二年春季精细管理

（一）剪砧

在 2～3 月萌芽前对嫁接苗木进行剪砧处理，冬季温暖的地方剪砧可以提前。剪砧时首先剪刀与嫁接芽上端齐平，然后向芽对面稍微倾斜剪断砧木并顺势除去薄膜。

（二）补接

对于秋季嫁接没有成活的砧木，在萌芽前可以剪取去年的秋梢作为接穗，采用枝切接技术进行补接。

（三）除萌蘗、除杂草、立支柱、绑缚

当嫁接的芽开始萌发后，需要及时除掉砧木上萌发的萌蘗。若嫁接芽萌发多个芽，则应及早去弱留强、去斜留直。

及时除掉苗圃地或育苗容器中的杂草。生长高质量的容器大苗，嫁接芽萌发后要立支柱，并及时绑缚，促进嫁接芽萌芽后新梢直立生长。

（四）肥水管理

当土壤温度达到10℃以上，每隔5～10天追施一次高氮低钾的水溶肥，促发根系和促进春梢生长。

（五）病虫害防治

春季嫁接苗萌发时，主要要防治蚜虫、红蜘蛛、凤蝶、潜叶甲、卷叶蛾类等害虫以及柑橘炭疽病等病害，可以根据病情及时用药。

六、第二年夏季精细管理

（一）抹芽、摘心与整形

嫁接苗的抹芽、摘心与整形主要作用是培育主干高度和一定数量的主枝。通常春梢在20厘米时摘心，夏梢和晚夏梢在25厘米时摘心，嫁接苗在高度40厘米以下时只保留一个直立主枝，清除所有侧枝。萌蘗、侧芽和侧枝清理越早，对嫁接苗的营养消耗就越少，苗木生长越壮实。嫁接苗高度达到40厘米以后可以保留两个分枝作为主枝。

（二）除草

在苗木生长还未占优势之前，需要及时除掉容器内的杂草。

（三）肥水管理

随着温度升高，嫁接苗越长越快。对于露天育苗，需要根据苗圃地水分和营养状况适量灌溉和施肥，一般3～5天施一次水溶肥；对于网室内容器苗，根据水分墒情、每隔3～5天施一次水溶肥、2～3天适量滴灌一次水，确保基质相对含水量在60%～80%。

（四）病虫害防治

夏季病虫害主要有粉虱、凤蝶与潜叶蛾，不同地方出现的时间不一样，可以通过监测病虫发生指数，统一喷药防控。如秭归粉虱第一代成虫在4月出现，第二代、第三代成虫在6～8月出现。主要选用3%啶虫脒乳油1 000倍液、10%吡虫啉可湿性粉剂2 000倍液交替轮换进行防控。

凤蝶在秭归县主要有柑橘凤蝶和玉带凤蝶，其卵散产于嫩芽或嫩叶上，幼虫孵化后先食卵壳，再食嫩芽与嫩叶。主要选用10%氟氯氰菊酯乳油2 000倍液、10%吡虫啉可湿性粉剂2 000倍液交替轮换进行防控。

潜叶蛾成虫产卵于嫩叶背面的主脉两侧，幼虫孵化后再潜入叶片表皮以下蛀食。潜叶蛾从6月下旬开始发生危害，7～9月夏梢、秋梢抽发期间发生最为严重。防控措施是做好统一抹芽、摘心和整形，利于统一抽梢，当新梢发芽抽梢0.5～1.0厘米时开始喷药防控，可选用3%啶虫脒乳油1 000～1 500倍液、20%除虫脲乳油2 000倍液、10%氟氯氰菊酯乳油2 000倍液交替轮换进行防控。

七、第二年秋（冬）季精细管理

秋季到翌年2～3月苗木出圃，此阶段的管理主要是病虫害防治、水分管理、冬季抗冻管理以及苗木出圃管理。

（一）病虫害防治

需要根据病情及时防控红蜘蛛、潜叶蛾等病虫害。可选用20％丁氟螨酯悬浮剂 2 000 倍液、22％阿维·螺螨酯（2％阿维菌素和 20％螺螨酯）悬浮剂 5 000 倍液来防控红蜘蛛，轮换使用 3％啶虫脒乳油 1 000～1 500 倍液、20％除虫脲乳油 2 000 倍液、10％氟氯氰菊酯乳油 2 000 倍液防控潜叶蛾。

（二）水分管理

在 10 月以后，可以适当控水，以促进苗木新梢老熟、提高抗性。过分干旱天气需要及时灌水抗旱。

（三）冬季抗冻管理

冬季冻害来临之前 1 周左右灌透一次防冻水；必要时采用熏烟、盖遮阳网和塑料薄膜等措施防冻；大雪后要及时清除积雪。

（四）苗木出圃管理

苗木出圃时，需进行以下管理。

1. **病虫抽检与植物检疫**　出圃前需要对所有苗木进行普查，看苗木是否带有检疫性病虫害，并向产地植物检疫部门申请检疫。

无病毒容器育苗基地可以在植物检疫性病虫害强制检疫的基础上，自愿增加其他非检疫性病毒病的随机抽样检查，以明确苗圃病毒病发生情况与程度。

经田间检查和必要的室内检查后，未发生黄龙病和溃疡病的容器苗木才准予出圃销售。

2. **质量检查**　苗木出圃前要求对合格苗木进行清查并整理。一是掌握出圃苗木质量情况，只有径粗达到 6 毫米以上、苗木高度达到 45 厘米以上、分枝数量达到 2 个以上、枝叶健壮、叶色浓绿、富有光泽的苗木才能安排出圃；二是确保待销售嫁接苗薄膜已揭除、砧木残桩不外漏、嫁接口愈合正常。

3. **苗木出圃** 苗木出圃前喷施一次杀菌剂、杀虫剂和杀螨剂。

出圃前要对所有苗木进行核对，确保标签完整，档案齐全；出圃搬运中，轻拿轻放，减少枝叶损伤；运输车辆要有隔层，保护苗木不受挤压，同时长途运输车需用防雨篷布覆盖；到达目的地后要及时假植或定植。

第五章

温州蜜柑和椪柑精细管理

温州蜜柑和椪柑是目前我国主要种植的宽皮柑橘类型，主要在湖北、湖南、江西和浙江等地种植，其中湖北是宽皮柑橘的重要产区，仅湖北省一个县级市——当阳市即有柑橘种植面积 35 万亩，其中温州蜜柑 18 万亩，椪柑 17 万亩。本章精细管理以湖北当阳地区的技术为基础编写。

一、春季精细管理

（一）2 月精细管理

2 月湖北当阳的温州蜜柑和椪柑处在相对休眠期，2 月的管理重点是：随着温度逐渐回升，有冻害发生的果园应以冻后果园管理为主；而对于新建园则继续进行果园建设。

1. 冻后果园管理　有冻害发生的柑橘果园，随着气温的回升，柑橘冻害症状会逐渐显现出来。2 月中下旬可根据冻害程度采取相应的管理措施。对于受冻枝条和叶片的处理应采取"小冻摘叶、中冻剪枝、大冻锯干"的办法。对于受冻较轻（1 级冻害）树应及时摘除或打落受冻枯焦叶片，防止枝梢枯死。对于枝梢受冻（2～3 级冻害）树，在 2 月下旬气温回升后，受冻枝枯死界限明显时进行修剪，剪除所有受冻枯枝。对于受冻较重（4 级冻害）树，修剪应根据枯死程度逐步加重修剪量，先剪除受冻的 3 级分枝，然后根据情况修剪到主枝或主干。

修剪后大的剪口应用杀菌剂、凡士林、黄油及专用伤口涂抹剂进行涂抹。露骨更新后应对暴露的主干及主枝用石灰水进行涂白保护，防止枝干感染病害或发生日灼。

2. **果园建设** 新建果园继续进行施底肥、回填及起垄工作，为苗木定植做准备。

（二）3月精细管理

3月湖北当阳的温州蜜柑和椪柑正由休眠期开始向萌芽期过渡。管理重点包括果园定植、春季修剪、清园消毒、春季施肥、果园生草。

1. **果园定植** 在当阳柑橘产区，柑橘春季定植一般在3月上中旬进行。苗木应采用无病毒容器苗或假植大苗。裸根苗在运输途中应尽量用稻草、苔藓等保湿材料进行保湿，运输中要避免风吹日晒。苗木运回后要及时定植，定植株行距（1.5～2）米×（4～5）米。

容器苗定植时，先将容器袋划开，将苗木连同营养土一起取出即可栽植。若垄面下沉，可先将垄面用土填高0.3米后定植。裸根苗定植时应剪除部分叶片，减少水分蒸发。定植前可在距离嫁接口上50厘米左右处进行定干，剪除顶端枝条，保留3个生长健壮、分布合理的分枝。定植时先将苗木直立放置于定植穴内，使根系舒展，嫁接口高于垄面10～15厘米，然后用细土或营养土固定苗木根系，但不能在定植穴内直接施用化肥。培土后轻轻踩实，浇足定根水后再用细土覆盖保墒，也可用秸秆、农用薄膜或者专用覆盖材料在定植穴周围进行覆盖保墒。苗木定植后注意检查土壤水分状况，及时浇水保墒，以促进成活。

2. **春季修剪** 春季修剪的主要目的是调整树体结构，改善果园及树体通风透光状况。春季修剪方法以疏剪为主，短截、回缩为辅。若树体高大，树冠高度在3.0米以上，则以降低树冠高度为目的。修剪时疏除树冠上部高度在2.5米以上的直立大枝，修剪后使树冠高度降低到2.5米左右；若树体枝条较多，结构紊乱，则以疏除树冠内膛的密挤枝及交叉枝为重点，疏除后使树体结构理顺，内膛光照条件得到改善；若树冠基部枝条较多，则疏除树冠基部 50 厘米以下的小枝条，促进树冠下部通风透光；若树体行间交叉，则应对行间枝条进行适当回缩，哪个枝条交叉就回缩哪个枝条，回缩后使行间枝条距离保持在 1.0 米以上，促进行间通风透光，方便田间操作管理。

对于树冠高大、枝条密挤、结构紊乱、内膛严重空虚、病虫害严重的温州蜜柑及椪柑的老果园可以在 3 月进行露骨更新。选定分布合理、生长健壮的 3 个主枝予以保留，疏除多余大枝。对主枝上的枝条留 5～10 厘米进行短截。露骨更新后对暴露的主干及主枝用石灰水及专用涂白剂进行涂白，防止主干暴晒后树皮开裂。

修剪后应将修剪下来的枝条和叶片及时清理出果园集中进行无害化处理。

3. 清园消毒　春季清园消毒在萌芽前进行，当阳柑橘产区一般在 3 月中下旬为宜。春季修剪结束后，及时清理地面所有的落果、枯枝，集中深埋或收集到果园外进行无害化处理。清园消毒可用 45% 石硫合剂 200 倍液＋5% 噻螨酮乳油 2 000 倍液进行，或用 99% 矿物油乳油 150 倍液进行全园喷雾，对于红蜘蛛的防治有较好的效果。用松脂合剂进行喷雾，不仅对矢尖蚧、红蜡蚧、粉虱、螨类有较好的杀灭效果，同时对寄生于树干、树枝上的地衣、苔藓等寄生植物也有良好的清除效果。喷雾时应保证叶片正面和反面、枝干等部位药液均匀分布。

4. 春季施肥　春季施肥的目的是促进春梢萌发生长，提高花芽质量。当阳地区春季土壤施肥一般在 3 月上中旬进行。

（1）幼年树施肥　在树冠滴水线外行间开沟深 15 厘米左右施速效氮、磷、钾复合肥。幼年树施肥量应随着树体增大而逐年增加，每次施肥量根据树体大小控制在 0.1～0.3 千克。幼年树施肥每次应薄肥勤施，不要集中施肥，以免造成肥害，导致烧根。

（2）结果树施肥　若上年秋冬季已经追施还阳肥，春季可以不施肥或少施肥，否则春季应适当补充施肥。结果树春季施肥应以有机肥为主，每株结果树施生物有机肥 3～4 千克、柑橘专用复合肥（15-7-13）0.5～1 千克，土壤酸化的果园每株树可同时施入钙镁磷肥或者生石灰 0.5～1 千克。施肥时以株间开沟施肥为宜，沟宽 30 厘米、沟深 40 厘米左右。另外，在土壤施肥的基础上，可以根据树体营养状况进行叶面喷施，对硼、钼、锌、钙等中微量元素进行补充。从 3 月上旬开始每隔 10～15 天喷施 1 次多元素叶面肥料，连续喷 2～3 次，有利于提高花芽质量，促进开花坐果。

5. 果园生草 果园生草栽培可以改善果园环境，提高土壤有机质含量，改良土壤，提高肥料利用率。温州蜜柑和椪柑果园可利用春季降水多、气候适宜的条件进行果园生草，不同地方适宜的草种类型不同。

（三）4 月精细管理

4 月当阳产区的温州蜜柑和椪柑处于萌芽、春梢生长和开花期，管理重点主要是初结果树控春梢促花、保花或疏花，防治柑橘花蕾蛆及柑橘疮痂病。

1. 初结果树促花保花

（1）拉枝 椪柑树形直立、树冠高大，初投产树营养生长旺盛，容易导致落花落果。在树冠高度达到 1.0～1.5 米时可以进行拉枝开角，以缓和营养生长。春季拉枝在 4 月上旬进行。拉枝前对大枝进行适当疏除，保留 6～8 个生长健壮的大枝。拉枝时分别将椪柑的多个大枝适度拉开使其弯曲呈 60°角，然后用麻绳等绑缚材料进行固定即可。

（2）抹春梢 初结果的温州蜜柑和椪柑树体，春梢营养生长旺盛。在 4 月上中旬春梢生长 10 厘米左右时，抹除生长旺盛的春梢，或者对春梢留 3～5 片新叶进行打顶摘心，促进新梢老熟。

2. 病虫害防治

（1）柑橘花蕾蛆防控 在柑橘花蕾蛆成虫羽化期，当阳产区是 4 月初花蕾露白期至绿豆大时，可以用 2.5% 氯氟氰菊酯乳油 3 000 倍液等选择雨后晴天早晨或傍晚喷施树冠。在开花期发现形似灯笼状的畸形花时，立即人工摘除，集中到园外烧毁，杀死幼虫。

（2）柑橘疮痂病　柑橘疮痂病又叫癞头疤，是温州蜜柑和椪柑的主要病害之一。结合春季修剪，剪除枯枝病叶及过密枝条，清除地面枯枝落叶。同时在春梢萌芽生长初期喷药保护，在花谢 2/3 时喷药保护幼果。药剂可选用 80％代森锰锌可湿性粉剂 800 倍液或 50％甲基硫菌灵可湿性粉剂 800 倍液。

二、夏季精细管理

（一）5 月精细管理

5 月当阳温州蜜柑和椪柑处于盛花期、第一次生理落果期和夏梢生长初期。此时的管理重点是：保果与控夏梢、果园生草与土壤覆盖、温州蜜柑休闲年疏花疏果以及病虫害防治。

1. **保果与控夏梢**　无核椪柑在花谢 3/4 时，叶面喷施生长调节剂可以促进坐果。方法是 1 克赤霉素用酒精溶解后加细胞分裂素 30 克，兑水 30 千克后进行树冠喷雾，以柱头湿润为标准。在5 月下旬至 6 月上旬夏梢萌发生长初期用 15％多效唑可湿性粉剂 100～150 倍液进行树冠喷雾，以抑制夏梢生长，但不能多次喷雾。

温州蜜柑和椪柑初结果树夏梢萌发早、生长量较大，有时会加剧生理落果。因此在夏梢萌发时可抹除全部夏梢，抹早、抹小有利于果实生长发育。

2. **果园生草与土壤覆盖**　5 月是温州蜜柑、椪柑的盛花期及第一次生理落果期，需要稳定良好的果园环境。如果出现连续高于35 ℃的高温干旱天气，会加剧生理落果。当柑橘园生草高度达到50 厘米左右，用割草机进行刈割、就地覆盖。5 月是油菜、小麦的收割季节，将收割后的作物秸秆用于柑橘果园覆盖，可以改良土壤、提高土壤有机质含量，同时对于改善果园环境、促进幼果生长发育十分有利。作物秸秆一般覆盖于柑橘行间及树冠下的土壤上，覆盖厚度为 10 厘米左右。覆盖时主干四周应留出直径 1 米左右的空地。

3. **温州蜜柑休闲年疏花疏果**　温州蜜柑隔年交替结果有利于提高品质、降低成本。在不需要结果的休闲年份，盛花期时（4 月下旬至 5 月上旬）可喷雾甲萘威、石硫合剂、萘乙酸等，疏除全部花蕾和幼果。

4. **病虫害防治**　5 月病虫害的防治重点是灰霉病、疮痂病、各种访花害虫等引起的果面疤痕。5 月中下旬防治红蜘蛛、介壳虫、粉虱等害虫。

（1）**物理防治**　在果园安装太阳能杀虫灯和悬挂黄板可以诱杀金龟子、粉虱、卷叶蛾、凤蝶等害虫。杀虫灯一般间隔 50 米左右安装一盏，灯的高度高于柑橘树冠 50 厘米左右。

（2）**化学防治**　5 月上旬盛花期喷施 30％敌百虫乳油 800 倍液＋80％代森锰锌可湿性粉剂 1 000 倍液，防治访花害虫及灰霉病、疮痂病，可以明显减轻果面疤痕。长江流域产区于 5 月中下旬喷雾 99％矿物油乳剂 150 倍液，对红蜘蛛、粉虱、介壳虫有较好的控制作用。

（二）6 月精细管理

6 月当阳产区的温州蜜柑和椪柑正处于夏梢旺盛生长时期和第二次生理落果期，管理重点是枝梢管理、防范异常天气、施壮果肥以及病虫害防治。

1. **枝梢管理**　当幼年树夏梢生长达到 30 厘米时，留 20 厘米左右及时进行摘心，促进分枝。结果树及时抹除全部夏梢，做到抹早、抹小，减少生理落果，促进果实生长发育。

2. **防范异常天气**

（1）**防范高温干旱**　在第二次生理落果期如果出现高于 35 ℃的持续高温干旱，要及时对土壤进行覆盖和补水。

（2）**防范长期阴雨天气**　6 月是长江流域梅雨季节，也是第二次生理落果期。在雨季到来之前应清理好果园的各种排水设施，同时及时排水，做到雨停田干，内无积水。

3. **施壮果肥**　在长江中游柑橘带，一般在6月下旬至7月上旬对温州蜜柑和椪柑进行施肥。幼年树、结果少的树施肥应适当推迟，成年树、衰老树以及结果多的树可以适当早施肥。此次施肥主要以腐熟的饼肥和生物有机肥为主，配合施用氮、磷、钾及中微量元素肥料。对于土壤酸化，pH低于5.5的果园，在施用有机肥时配合施用钙镁磷肥或石灰，每亩用量为100~150千克。施肥方法以行间或株间开沟施肥为宜，开沟长度1.2~1.5米，宽度0.2~0.3米，深度40厘米左右。施肥后及时覆土保墒。

温州蜜柑实行交替结果时，按照结果年和休闲年来调节施肥量大小。结果年产量较大，消耗养分多，结果树一般每株施用生物有机肥2~3千克，氮、磷、钾复合肥（15-7-13）1~1.5千克；休闲年的施肥目的是促进秋梢生长，防止晚秋梢发生，春季施肥量较大时，可以少施肥或不施肥，若春季施肥量较小，树势较差时可以酌情多施肥。按照传统方式管理温州蜜柑结果量中等的初投产树以及营养生长旺盛的结果树时，为了防止粗皮大果，此次施肥要根据树体营养状况和具体结果量来决定施肥量，以稍亏欠式施肥为宜，切忌大量施肥。

椪柑果实生长期较长，为了保证生长后期有足够的营养供应，施肥应以有机肥及长效缓释肥为主。每株结果树开沟施入生物有机肥4~5千克，氮、磷、钾复合肥（15-7-13）1.5~2.0千克。

由于夏季气温较高，施肥不当容易出现烧根的现象，甚至导致大量落叶或落果。施肥量应在合理范围内，不能过量施肥。施肥时要实行开沟施肥，不能挖穴集中施肥。施肥后如遇天气干旱应及时灌溉，以促进肥料转化利用。

4. **病虫害防治**　6月气温逐渐升高，且降水较多，容易发生各种病虫害。在长江中游柑橘带，温州蜜柑和椪柑的主要虫害有大实蝇、柑橘红蜡蚧等。

（1）**大实蝇**　在当阳柑橘产区，大实蝇是温州蜜柑的主要病虫害之一，在虫口基数较大的地区，大实蝇也会危害椪柑。6月是大实蝇取食交配的重要时期，也是进行成虫诱杀的关键时期。用敌百虫糖醋液或类似的诱剂诱杀大实蝇成虫有较好的效果。可用 90％敌百虫晶体或 40％毒死蜱乳油 800 倍液＋3％红糖配制成药液，大雾滴喷于柑橘树中下部枝茂密的叶片上。全园喷 1/3 的树，每树喷 1/3 的树冠。隔 7 天后，再改变方位喷雾，连续喷 3～4 次，有较好的诱杀效果。也可利用性诱剂进行成虫诱杀而导致成虫不育来控制大实蝇的危害。

（2）**柑橘红蜡蚧**　在长江中游柑橘带柑橘红蜡蚧在 5 月下旬开始孵化，6 月初进入孵化高峰期，因此 6 月初是第一次防治的关键时期，6 月 15 日前后为巩固防治时期。可用 70％吡虫啉可湿性粉剂 1 000 倍或 25％噻虫嗪水分散粒剂 1 000 倍液加入 80％代森锰锌可湿性粉剂 800 倍液，或用 99％矿物油乳剂 250 倍液加入 70％吡虫啉水分散粒剂 1 000 倍液进行防治。

（三）7 月精细管理

7 月当阳温州蜜柑和椪柑进入果实膨大期和夏梢旺盛生长时期，梢果矛盾比较突出。此时的管理重点是合理进行枝梢管理、夏季修剪、椪柑疏果和病虫害防治。

1. 枝梢管理

（1）**幼年树枝梢管理**　幼年树夏梢生长达到 30 厘米左右时，应留 20 厘米左右进行摘心，促进分枝。

（2）**初结果树及成年结果树枝梢管理**　抹除少量抽生的夏梢，做到抹早、抹小、抹尽。

2. 夏季修剪

（1）**温州蜜柑夏季修剪**　对于实行交替结果的温州蜜柑，7 月要对其休闲树进行夏季修剪。在当阳柑橘产区，一般在 7 月上中旬进行修剪，树体长势旺则修剪时间宜适当推迟，树势衰老、营养状况较差的果园修剪时间宜适当提早；前期降水偏少的果园修剪时间宜适当提早。修剪宜采用回缩和短截相结合的方式进行，对树冠中部外围进行回缩或短截，总的修剪量一般控制在叶片总量的

$20\% \sim 40\%$。

（2）椪柑树体改造 椪柑树体高大，直立生长旺盛，成年果园不仅病虫害严重，也难以管理，需要及时对椪柑老果园在春季实施大冠改小冠，湖北省当阳市即在此时期进行大冠改小冠。具体改造时间长江中游柑橘带一般在 7 月上中旬进行，浙江、江西、福建在 7 月下旬进行。

椪柑树体改造按照"去直立、减主枝、缩冠幅、清裙枝、保叶片"的顺序进行，最终保留 3～5 个斜生主枝，使椪柑树冠总高度控制在 2.5 米以下，每个主枝保留副主枝 4～5 个，然后对这些副主枝上的枝条留 10～20 厘米进行短截，同时去掉树冠基部离地 50～80 厘米纤细的枝条。为了保护树体，促进恢复，修剪后可用黄油、凡士林或专用的伤口保护剂涂抹直径 2 厘米以上的伤口，并及时用石灰水或专用的涂白剂对主干、主枝进行涂白处理。修剪前后，在行间进行开浅沟施肥，株施生物有机肥 2～3 千克和氮、磷、钾复合肥 1 千克左右。

3. 椪柑疏果 椪柑果实以大果（直径＞70 毫米）品质好、售价高，因此在椪柑生产过程中应经常进行疏果。湖北当阳产区结合树体管理采用了"以剪代疏"及"精细疏果"二步走的方法进行疏果。"以剪代疏"的重点是以疏剪上部直立枝及距离地面 80 厘米以下的所有结果枝条，以达到疏果目的。

4. 病虫害防治 湖北当阳地区 7 月的病虫害防治工作重点是做好大实蝇的后期防治及锈壁虱的防治。

（1）大实蝇的后期防治 在长江流域柑橘带，7 月上中旬仍需继续用敌百虫诱剂或其他实蝇诱剂诱杀出土较晚的大实蝇成虫。

（2）锈壁虱 在实行果园种草或自然生草栽培、保护天敌的基础上，若发现个别果实有黄褐色粉状物时可用药物进行挑治，株发病率较高时应进入全园防治。药剂可用 25% 三唑锡可湿性粉剂 1 500～2 000 倍液、15% 噻螨酮可湿性粉剂 1 500～2 000 倍液、80% 的代森锰锌可湿性粉剂 800 倍液、15% 丁硫吡虫啉乳液 1 000～1 500 倍液等。

三、秋季精细管理

（一）8月精细管理

8月湖北当阳的温州蜜柑和椪柑处于果实膨大期和秋梢萌发生长期，其管理重点是继续进行疏果，做好高温干旱天气防范工作和抓好柑橘日灼病及柑橘潜叶蛾的防治工作。

1. 椪柑精细疏果　在"以剪代疏"的基础上，8月重点对树体上留下来的果实做进一步精细筛选，去除密挤果和劣质果。根据树体大小及树势，每株结果树保留300～400个果为宜。重点疏除密挤果、小果、病虫果和畸形果。串状密挤果一般需间隔15厘米左右保留一个生长健壮的果实。精细疏果是一个细致而反复重复的过程，随着果实的逐渐长大，需要进行反复筛选与疏除。

2. 防范高温干旱天气　在长江中游柑橘带，8～9月容易出现伏旱和秋旱，持续高温干旱不仅使果实膨大生长受阻，强烈的光照还容易造成果实表面出现严重灼伤，导致减产。因此在生草的果园，当果园草生长到50厘米时，用割草机进行刈割后就地覆盖。在高温干旱来临前不要进行松土锄草，或者在高温干旱之前用作物秸秆、专用覆盖材料进行果园覆盖。同时利用果园基础设施及时灌溉补水。

长期高温干旱后灌水应在夜间及早晚进行，首次灌水时灌水量不宜过大以免造成大量裂果。抗旱时，滴头、微喷带应沿树冠滴水线放置，人工浇灌也应沿树冠滴水线附近进行浇灌。抗旱后在行间覆盖作物秸秆会减缓土壤水分蒸发，提高抗旱效率。

3. 病虫害防治

（1）柑橘日灼病　在夏秋干旱初期及时对果园进行灌水，保持土壤适宜湿度。抗旱灌水应在下午4时以后或晚上进行，不要在中午或午后高温时进行。在高温初期，可用1%～2%的石灰水喷雾或涂抹树冠表面果实，能起到反射强光、减轻灼伤的作用；对着生在树冠顶部和树冠外围的果实套上柑橘专用袋或在果实向阳面贴纸，也能有效预防柑橘日灼病。

（2）柑橘潜叶蛾 柑橘潜叶蛾一年发生 9～15 代，世代重叠，蛹和幼虫在被害叶上越冬，7～9 月是发生盛期，因此 8 月需要继续防控潜叶蛾。一是抹芽控梢，在长江中游柑橘带，及时抹除夏梢，直到 8 月上旬停止抹梢，然后统一放秋梢，促进秋梢生长。二是在夏秋梢萌发生长到 5 厘米时，喷施 2.5％氯氟氰菊酯乳油 3 000～4 000 倍液，或 10％吡虫啉可湿性粉剂 1 500～2 500 倍液，1％阿维菌素颗粒剂 3 000～4 000 倍液。

（二）9 月精细管理

9 月湖北当阳温州蜜柑和椪柑处于秋梢生长期，特早熟温州蜜柑进入成熟期，早中熟温州蜜柑及椪柑进入快速膨大期。管理重点是抓好枝梢管理、促进秋梢老化，加强温州蜜柑成熟前期管理、提高品质，椪柑适量补充营养、促进果实膨大，同时预防秋季持续干旱，抓好大实蝇虫果无害化处理以及柑橘红蜘蛛的防治工作。

1. 枝梢管理

（1）防治潜叶蛾 继续做好防治潜叶蛾的工作。

（2）促进秋梢老化 幼年树不再进行追肥，并保持适度干旱，促进秋梢老化。成年树的秋梢生长到 15～20 厘米时，注意控水促使新梢停止生长。

（3）补充营养 在秋梢老熟期间，可以喷施含有硼、锌、钼、钙等中微量元素的肥料以及钾盐 1～2 次，提高秋梢质量，促进营养积累。

（4）椪柑拉枝开角 椪柑直立性强，营养生长旺盛，秋梢不容易老化。当幼年树高度达到 1.2～1.5 米时，通过拉枝开角（60°～70°）能促使秋梢停止生长，为花芽分化奠定基础。

2. 果实管理

（1）适度控水 特早、早熟温州蜜柑即将进入成熟期或采收期，在果实成熟前 30 天左右通过断根或覆地布进行控水，湖北当阳一带温州蜜柑以 8 月下旬至 9 月上旬为宜，椪柑覆膜以 9 月中下句为宜。

（2）**立柱固枝**　结果过多时，枝条会因负荷过重而下垂，树冠内膛及下部的果实会因通风透光不良导致品质下降。此时可以通过立柱固枝将各个主枝吊起，有利于改善树冠内膛及下部的光照，提高果实品质。早中熟温州蜜柑立柱固枝的时间一般在 8 月下旬至 9 月上旬，椪柑在 9 月中下旬进行。

立柱可采用楠竹、钢管等材料，长度一般在 3.5～4 米，顶端直径要在 5 厘米以上。在每个立柱的上端系上长度为 3～4 米的纤维带、麻绳等吊拉材料 20～30 根。将立柱直立固定在树冠中部，吊拉材料分别系在各个大枝的中部，用力轻轻吊起，以枝条间不相互密挤重叠为宜。

3. **抗旱管理**　果实膨大期若长期干旱需要及时进行抗旱管理。

4. **病虫害防治**

（1）**大实蝇虫果处理**　9～10 月是大实蝇虫果开始变黄、落果的重要时期。要及时摘除大实蝇虫果、捡拾落果，并采取有效措施集中杀灭，如开水进行煮杀，装入厚塑料袋中密封闷杀、深埋，将虫果倒入沼气池利用沼气杀灭大实蝇幼虫。

（2）**柑橘红蜘蛛的综合防治**　9～10 月是湖北当阳地区柑橘红蜘蛛第二次发生高峰。此时根据虫害发生情况可采用 1％阿维菌素颗粒剂 800～1 500 倍液、34％螺螨酯悬浮剂 1 500 倍液、20％噻螨酮乳油 1 000～1 500 倍液或 1.8％阿维甲氰乳油 800～1 500 倍液进行防治。

（三）10 月精细管理

10 月湖北当阳地区温州蜜柑逐渐进入成熟及采收期，椪柑果实快速膨大期。此时管理重点是继续抓好枝梢管理，控制晚秋梢生长；做好温州蜜柑采收工作；抓好大实蝇虫果无害化处理，做好吸果夜蛾、椿象等果实害虫的防控。

1. **枝梢管理**

（1）**对将投产的幼年树拉枝开角**　继续对即将投产的椪柑幼年树进行拉枝开角，控制直立生长，促进花芽分化。

（2）**促进秋梢老熟** 在长江中游柑橘带，10 月以后萌发的新梢一般不能完全老化，在冬季低温来临时，会首先遭遇冻害，因此要及时进行促梢老熟处理。对于幼龄及初结果柑橘树，不需要追施速效性肥料，同时应使土壤适度干旱。

在 10 月中下旬，温州蜜柑及椪柑结合追施还阳肥在行间进行开沟，适度断根控水促梢老熟。对于萌发的"十月梢"，应及时进行抹除，做到抹小、抹早。

2. **温州蜜柑采收** 根据成熟情况以及市场情况做好采收准备，及时分批采收。采收时注意采用正确的采收方法："一果两剪"、分批采收、轻拿轻放、避免果实挤压。

3. **病虫害防治** 在当阳柑橘产区，温州蜜柑及椪柑果实成熟期，病虫害防治重点是处理大实蝇虫果、防控吸果夜蛾及椿象等果实害虫。

（1）**继续处理大实蝇虫果** 处理措施同 9 月。

（2）**防控吸果夜蛾** 一是在果园安装杀虫灯，二是在吸果夜蛾发生危害时，用 5.7％氟氯氰菊酯乳油 1 200 倍液或 2.5％氯氟氰菊酯乳油 2 000～3 000 倍液进行喷雾。

（3）**防控椿象** 在做好冬春清园的基础上，一是利用成虫在早晨和傍晚飞翔活动能力差的特点振落害虫，进行人工捕杀；二是在若虫盛发高峰期、群集在卵壳附近尚未分散时用药，可选用 90％敌百虫晶体或菊酯类农药等喷雾防治，具体稀释倍数参照药剂说明。

四、冬季精细管理

（一）11 月精细管理

11 月湖北当阳地区的早中熟温州蜜柑采收逐渐结束，逐渐进入相对休眠期；椪柑果实进入成熟及采收期。此时的管理重点是温州蜜柑追施还阳肥或基肥，清园消毒，椪柑采收。

1. **温州蜜柑追施还阳肥或基肥** 温州蜜柑采收完后，11 月中旬农闲时在树冠滴水线外行间或株间开沟施肥，沟宽、深为 30～40 厘米。用稻草、麦草、玉米等作物秸秆做基肥时，应适当增加沟的深度及宽度。对于当年结果较多的树，每株结果树可施用生物有机肥 3～4 千克，氮、磷、钾复合肥 0.5 千克左右。对于土壤酸化，pH 5.5 以下的果园，在施用有机肥的同时，每株可追施钙镁磷肥 1 千克，或每亩撒施生石灰 100 千克。

2. **清园消毒**　柑橘采收后，树体逐渐进入休眠状态，此时可进行清园消毒。清园消毒时先将树上的残留果、地面落果以及地面落叶及时清除至园外，集中进行无害化处理。修剪断枝及枯枝并清除至园外烧毁或粉碎后作为有机肥还田。对于树上不平的枝条断口要重新修剪，较大的伤口可用凡士林或专用的伤口保护剂进行涂抹，防止伤口感染。然后用 45％石硫合剂结晶粉 200～300 倍液或99％矿物油乳剂 150 倍液进行喷雾，还可用松脂合剂进行喷雾。

石硫合剂、矿物油及松脂合剂不宜与其他农药及叶面肥混配，以免产生药害。

3. **椪柑采收**　在当阳柑橘产区，椪柑于 11 月下旬至 12 月上旬完全成熟，开始正常采收，参照温州蜜柑采收方法采收。若采用延迟栽培方法，可以延迟到 12 月下旬至翌年 1 月采收，但最好在气温降低到 0 ℃以前采收，以免果实遭受冻害。当阳椪柑采收后需在简易通风库中短期贮藏，酸度降低后再出售较好。

椪柑果实采收后一定要在 24 小时内用药液进行浸果处理。可用 25％咪鲜胺乳油 50 毫升＋40％双胍辛烷苯基磺酸盐可湿性粉剂50 克＋2,4 - D 10～15 克，兑水 50 千克。果实在药水中浸泡 1 分钟后晾干，然后进入预贮场所堆放。

（二）12 月精细管理

12 月温州蜜柑和椪柑进入休眠期，此时管理重点是继续清园消毒，做好柑橘防冻工作和新果园建设。

1. **继续清园消毒**　气温在 0 ℃以上时，抓紧时间进行清园消毒工作。气温降低到 0 ℃左右时，应停止追肥和清园消毒，待翌年春季萌芽前进行补施肥及春季清园消毒。

2. **柑橘防冻** 在当阳柑橘产区，12 月气温会逐渐降低，并接近 0 ℃，但一般不会出现极端低温状况。因此，12 月主要是进行树体的保护及低温的预防工作。

（1）**及时采果** 留树保鲜的温州蜜柑或椪柑应在低温来临之前及时采收，防止果实受冻。

（2）**库房保暖** 椪柑贮藏库应做到保暖与通风相结合。当气温降低至 5 ℃以下时，要关闭门窗保暖，防止冷空气进入库房；当气温上升到 5 ℃以上时，应适当通风换气。

（3）**树干涂白** 方法同春季清园方法。

（4）**树干培土** 冬季给柑橘主干进行培土可以使幼年树得到保护，使成年树的根颈安全越冬。培土高度一般以 30～50 厘米为宜。培土时必须用松散、较湿润的细土，不可用较大的土块，以免留下空隙引起漏风受冻。

（5）**冻前灌水** 冻前灌水可以保持土温、减少冻土深度、增加果园空气湿度、减少地面热辐射，能显著减轻冻害。低温来临前 7～10 天进行冻前灌水，可以保持土温，减轻冻害。

（6）**果园覆盖** 在橘园行间覆盖稻草、杂草、树叶、薄膜等，防止夜间地面辐射，保护树体越冬，幼年树可用稻草包扎树体的方法防冻。

3. **新果园建设** 此时可以利用农闲进行新果园的规划及建设工作。建园时一定要做到高标准，以利于果园机械化管理。建园时一定要改良种植沟中的土壤，可以在种植沟中施入作物秸秆、厩肥等有机肥和钙镁磷肥，每亩施入作物秸秆 2 000 千克、饼肥 200 千克或生物有机肥 300～500 千克及钙镁磷肥 200 千克。施好肥后，与土壤拌匀，然后起垄，起垄高度为 0.3～0.5 米，垄面宽为 1.5 米左右。

（三）1 月精细管理

1 月湖北当阳地区的柑橘处于相对休眠期，此时管理重点是抗寒防冻和建设新果园。

1. **抗寒防冻** 抗寒防冻方法同上一年 12 月。另外，低洼地或坡地下部果园在辐射降温时冷空气往往会下沉和大量聚集，从而导致柑橘受冻，可采用果园熏烟方法驱散寒气、减轻霜冻。果园熏烟应把握好时机，在凌晨开始点火熏烟。熏烟材料可选用杂草、谷壳、木屑、落叶等，每亩均匀放置 4～6 堆，草堆上适量堆土，点火后使其慢慢燃烧，产生浓烟。遇到降雪天气时要及时摇落树上积雪。

2. **建设新果园** 继续按照上一年 12 月要求进行新果园建设。

第六章

伦晚脐橙精细管理

伦晚脐橙属于晚熟脐橙品种，于3月中下旬成熟上市，是国内目前性状稳定、品质优良、经济效益好的柑橘新品种之一。目前国内伦晚脐橙地域品牌强、规模集中的产区位于湖北省宜昌市秭归县，种植面积达到5.7万亩，产量近9.4万吨。2017年秭归县大规模种植伦晚脐橙的郭家坝镇邓家坡村、归州镇彭家坡村和水田坝乡王家桥村柑橘产值均过亿元。

伦晚脐橙作为晚熟脐橙品种，果实需要经历寒冷的冬季，如遇极端雨雪冰冻天气，易发生落果和枯水现象，严重影响产量与品质，因此伦晚脐橙仅适合在三峡库区长江沿岸海拔350米以下背风向阳区域种植。与此同时，伦晚脐橙果实留树周期相对较长，营养消耗更多，与常规中熟品种相比，更应加强肥水管理，以期实现丰产和优质。

一、春季精细管理

（一）2月精细管理

三峡库区长江沿岸2月常常降水偏少，出现干旱。干旱的伦晚脐橙果园即使1月没有发生冻害，后期也会存在一定程度失水现象，同时也不利于留树晚采。因此，2月管理重点是加强灌溉，适度施肥，避免伦晚脐橙果实枯水和实现留树晚采。

伦晚脐橙栽培区域海拔相对较低，产区水源来源多样，有渠道引水、雨季山洪沟引水，还可通过水泵抽取长江水到田间蓄水池，然后利用重力以低压小流量通过软管将灌溉水供应到柑橘树根区土壤，实现省力化灌溉。在山地果园，可以利用2月休闲时间布置和维修果园简易滴灌系统。

滴灌系统一般由水源、首部控制系统、输水管道和滴头四大部分构成。

1. 水源　在雨水丰沛季节积蓄雨水贮存在蓄水池中或通过水泵直接从长江抽水到蓄水池。

2. 首部控制系统　目前秭归县水肥一体化首部控制系统根据灌溉类型可以分为滴灌灌溉和微润灌溉，根据动力类型可以分为重力自压式和压力补偿式。其中压力补偿式滴灌灌溉和管道浇灌相对普遍。压力补偿式滴灌灌溉由动力、水泵、蓄水池、配肥池、过滤器及控制阀等组成；管道浇灌即利用自然高差压力，通过蓄水池、配肥池、控制阀和软管实现。

3. 输水管道　输水管道包括主干管道、支管、毛管及阀门，必要时增加流量调节器或减压阀。

4. 滴头　可以在毛管下接多个滴头实现滴灌，也可以直接在毛管上开小孔，接上压力补偿滴头进行滴灌。

（二）3月精细管理

3月是伦晚脐橙春梢萌芽、抽梢和果实品质形成的关键时期，此时重点工作是做好施肥管理、幼年树整形修剪、病虫害防控和采摘销售。

1. 施肥管理　施肥方式以开沟或抽槽施肥为主，每株施用柑橘专用复合肥0.5千克和柑橘专用有机肥2.0千克，以促发春梢并使春梢生长整齐充实，保障头年果实风味浓郁品质优良。

2. 幼年树修剪整形　一般在苗木定植后，离地面留50厘米短截定干，抹除30厘米以下的分枝和萌芽，保留主干高度最少30厘米，然后可以顺其自然生长。

3. **红蜘蛛、黄蜘蛛防控** 根据病情，可以选用螺螨酯悬浮剂或乙螨唑悬浮剂加阿维菌素或哒螨灵喷雾防治。杀螨剂的使用要严格按照说明书规范进行，避免发生叶片和果实药害，同时结合安全间隔期做好销售计划，采摘销售前 30 天禁止喷施农药。

4. **采摘销售** 伦晚脐橙于 3 月下旬开始成熟上市，可以根据市场情况进行采摘销售。

采收按照"一果两剪、轻拿轻放"原则，采摘时戴手套、顺序按照"自下而上、从外到内"。未成熟不要采摘。下雨、雾未散、刮大风不要采摘，塑料周转箱内侧应平滑、无锋利凸起，竹制品内侧垫以柔软物。

（三）4 月精细管理

4 月是伦晚脐橙成熟采摘高峰期和伦晚脐橙树体的花期，此时的管理重点是保花保果、树体简单修剪和病虫害防控。

1. **保花保果** 三峡库区伦晚脐橙经常会留树晚采，在留树过程中经常会因为低温或其他异常天气影响而发生严重的落蕾、落花和落果现象，因此本月必须采取保花保果措施。在加强树体管理、改善通风透光条件的基础上，主要措施有：①在谢花后可通过环割或环剥保果；②在花期，谢花期，第一、二次生理落果期少量多次喷施含有氮、磷、钾和硼元素的叶面肥。

2. **树体简单修剪** 采摘完后，及时采用大枝修剪技术对树冠进行简单修剪，去掉过高枝、过密枝、下垂枝、枯枝和病虫枝等。

3. **黑点病防控** 黑点病发生的适宜温度为 20～30 ℃，高于32 ℃或低于 17 ℃时不利于其发生和发展。通常树势衰弱的果园中枯枝多，所以发病重。因此在做好冬季清园的基础上，应于谢花2/3 时开始喷施 80％代森锰锌可湿性粉剂 800 倍液，结合果园历年发病情况，间隔 20 天喷施 1 次，连续喷施 3 次；有条件的地方可以通过避雨栽培创造不利于黑点病发病的环境。

二、夏季精细管理

（一）5月精细管理

5月是伦晚脐橙谢花至第一次生理落果的时期，此时的管理重点主要是保果、施肥、修建和维护排灌系统。

1. **保果**　5月初谢花后继续实施环割或环剥措施进行保果。

2. **施肥**　针对谢花与幼果生长情况，及时于地面开深沟（40厘米左右）增施一次复合肥或者喷施多次叶面肥以保果、壮果。复合肥应该选择柑橘专用肥，达到控氮、降磷、增钾并补充各项微量元素的目的。叶面肥可以使用0.3%尿素、0.2%磷酸二氢钾和0.1%硼酸水溶液间隔10～15天连续喷施2～3次。

3. **修建和维护排灌系统**　利用4～5月农闲时间，及早对果园排灌系统进行维护，修建蓄水池等，为迎接6月雨季以及随后的伏旱做好准备。

（二）6月精细管理

6月是秭归县的梅雨季节和第二次生理落果期，此时管理重点是控制好果园环境条件，减少第二次生理落果以及监控病虫害。

1. **果园排灌**　6月是秭归县的梅雨季节，此时园区要及时排水，并引水入蓄水池，为后期抗旱做好准备。

2. **夏梢管理**　夏梢的大量抽生会与幼果争夺营养，所以抹除过多的夏梢，可减少第二次生理落果。

一般前期肥水管理到位、树体中庸、结果量较大的树体不会抽生夏梢。对于少量抽生的夏梢直接人工抹除即可。

3. **病虫害防治**　6～7月是大实蝇取食交配的重要时期，也是进行成虫诱杀的关键时期。此时可按照温州蜜柑的防控措施对大实蝇进行防治。

（三）7月精细管理

7月伦晚脐橙处在果实膨大期，此时的管理重点是病虫害防控。

1. **防控锈壁虱** 在冬季清园基础上，在园内释放捕食螨等天敌防治锈壁虱；在做好锈壁虱的虫情监测基础上，必要时使用螺螨酯、哒螨灵、噻螨酮、苯丁锡等药剂防治，注意轮换用药，避免产生抗药性，具体使用方法参照说明书。

2. **防控潜叶蛾** 潜叶蛾的危害主要表现为其幼虫潜伏于晚夏梢和早秋梢嫩叶皮下组织中，蛀出银白色弯曲隧道，新梢严重时扭曲。防控措施有：①通过抹芽控梢，在成虫低峰期统一放梢，使产卵期与嫩梢抽发期错开；②园区安装太阳能杀虫灯，利用鳞翅目害虫趋光特性诱杀潜叶蛾成虫；③在虫情监控基础上采取化学防控，在嫩梢芽长 1 厘米时开始喷药，可以间隔 7~10 天再次喷施，可以选择溴氰菊酯、氰戊菊酯、甲氰菊酯等药剂，注意药剂轮换使用，具体使用方法参照说明书。

三、秋季精细管理

（一）8 月精细管理

8 月伦晚脐橙果实处在膨大期，此时当地常常是连续高温天气，气温可能持续在 35 ℃以上，因此当月主要管理任务是及时抗旱。

1. **果园覆盖** 生草栽培果园可以通过刈割覆盖，非生草果园可用玉米秸秆覆盖保墒。覆盖物应离下部主干 10 厘米以上，覆盖厚度以 10~15 厘米为宜。

2. **及时灌溉** 如果蓄水池有水源，可通过田间管道引水入果园进行浇灌；有水肥一体化系统的可以通过管道直接滴灌。

3. **喷液保果** 可以喷施 4%~5% 的草木灰溶液或叶面肥，连喷 2 次，可以减轻高温干旱对柑橘的危害并减少落果，促使果实膨大。4%~5% 的草木灰溶液配制方法为取新鲜草木灰 4~5 千克，加水 100 千克，充分搅动后，浸泡 14~16 小时，取澄清液。

4. **防止日灼** 可在高温强光来临前，于树冠外围易日灼的挂果部位喷雾 1%~2% 的熟石灰水；也可对树冠外围的果实贴白纸或套柑橘专用白色袋保果。

伦晚脐橙果园抗旱管理时要注意不要在中午叶温高和土温高的时候灌溉，抗旱期间最好不要过量施用氮肥。

（二）9月精细管理

1. 病虫害防治 9月是秭归地区各类柑橘害虫危害盛期。椿象于8月间幼龄若虫数量最多，9月以二龄、三龄若虫或成虫集中在果上，常常造成落果；吸果夜蛾一年发生4～5代，8～11月以成虫在夜间危害成熟果实，并以9月最重，通过穿孔吸汁，造成被害果实品质下降或脱落；叶蝉种类多、繁殖快，以成虫和若虫在柑橘叶片和杂草丛中越冬，成虫常常在早秋梢或秋梢上产卵，危害第二年结果母枝；桃蛀螟以幼虫蛀入脐橙果实危害瓤瓣，其蛀孔圆形，外堆集黄褐色颗粒状虫粪，逐渐全果发黄而脱落，部分未落果脐部在树上变软腐烂，造成被害果实不能食用。

防治措施：在加强冬季清园的基础上，首先通过果园挂太阳能杀虫灯，利用害虫的趋光特性诱杀桃蛀螟、吸果夜蛾、椿象等成虫；其次加强虫情监测，掌握各类害虫发生动态，实施化学药剂防治。

2. 生草管理 在伦晚脐橙果园9月下旬至10月下旬在行间进行浅旋耕、足墒播种一些冷季型草，如光叶苕子、百喜草等，采取行间带状种植，播种量为每亩1.5千克左右。也可以在果园外围播种波斯菊，增加果园观赏性。

（三）10月精细管理

10月是大实蝇危害果实并导致果实大量脱落的时期，及时摘除大实蝇虫果、捡拾地上的受害果实，最后集中利用专用塑料虫果袋熏蒸处理。

大实蝇专用塑料虫果袋熏蒸措施主要为：每袋装虫果25千克，扎紧口袋密封，袋中可投入磷化铝熏蒸剂2片或90%敌百虫晶体60克，放置于太阳下，7～10天后虫果内幼虫死亡。

四、冬季精细管理

（一）11 月精细管理

1. **土壤深翻**　伦晚脐橙果园在 11 月需要结合深施有机肥进行树盘土壤深翻，以克服土壤中不利于植株生长的各项因素，如撒施肥料带来的根系上浮、长期不翻耕导致的土壤板结以及土壤贫瘠和通透性差等问题。

2. **深施有机肥**　结合土壤深翻，每亩增施优质有机肥 300 千克，可添加粉碎的秸秆，在树冠滴水线外围东面和西面，或者南面和北面，开深 30 厘米以上、宽 30～60 厘米的沟，第一次若是东西方向开沟，下次则在南北方向开沟。

3. **喷施植物生长调节剂**　为有效避免伦晚脐橙果实冬季低温脱落，在果实转黄 2/3 时喷施植物生长调节剂 2，4 - D，喷施浓度建议不超过 40 毫克/升。如果当年冬季预测温度较低，可以喷施 2 次，2 次之间的间隔＞15 天。

（二）12 月精细管理

1. **冬季清园**　冬季清园消毒管理是伦晚脐橙生产中的一个重要环节。冬季结合修剪，将介壳虫、粉虱和煤烟病等发生严重的果园病虫枝、衰老枝及时剪除。如果当年病虫害发生严重，每片果园修剪前，需用 0.1% 高锰酸钾或 75% 酒精消毒枝剪和手锯。病虫害发生不严重的幼年树不宜修剪，只宜进行拉枝。最后集中清除落叶、病叶、病果、苔藓、地衣及枯枝。有危害树干的害虫时，如吉丁虫、天牛等，冬季要及时掏干净虫洞。通过将病虫栖息的越冬寄主清除干净并带出园外集中烧毁，以减少越冬病源。

在清园的基础上，于隆冬来临前（如 11 月下旬至 12 月下旬）及时喷药。红蜘蛛、黄蜘蛛和锈壁虱虫口密度较大的果园，可选用商品石硫合剂清园，要抓晴天，抢温度，早期喷药；矢尖蚧和煤烟病发生严重的果园，适度修剪清园后，再选喷机油乳剂或松脂合剂；刮除树干粗翘皮，并用涂白剂（生石灰∶石硫合剂∶食盐∶动物油∶水＝5∶0.5∶0.5∶1∶20）刷白主干，搅拌均匀涂白剂，以刷涂后"稀不往下流，干不黏成团"为宜，可以防治天牛等越冬病虫害；大实蝇、蝉等发生较重的果园，可结合翻耕先在树盘上撒施25％的敌百虫粉剂，再浅耕翻埋入土中，以毒杀这些在土中越冬的害虫。

2. 冬季灌溉防冻管理　实践证明，长时间的秋旱天气往往会加剧冬季冻害。秭归县伦晚脐橙的冬季防冻管理主要是通过冻前灌溉来提高树体抗冻能力。利用水的比热容大的特点，在冬季低温来临前，当地温高于5℃时，灌溉一次透水，以保障冬季土壤温度可持续下降，同时有效缩小土壤温度变化幅度，并保持土壤墒情，提高树体越冬能力，保障伦晚脐橙越冬不落果，果实不粒化。

冻前灌溉按树冠大小、果实产量高低以及土层厚度确定浇水量。一般最适宜的灌水量为水分能到达主要根系分布层，切忌浇灌"地皮水"。当低温持续时间较长时更应该注意一次浇透，以免因多次浇水引起土壤板结和土温降低。

灌溉的同时可以补施0.2％水溶肥，灌溉结束后可以对根茎部进行培土，提高树体抗冻能力。

（三）1月精细管理

1月是三峡库区降雪概率最大的一个月，即使在伦晚脐橙栽培的350米以下背风向阳区域也可能有短暂下雪的情况。为积极应对可能出现的短暂下雪或寒潮，在关注气象预报的基础上，积极采取预防措施以及冻害和极端低温后恢复措施。

1. 预防冻害

（1）培土　在低温来临前10天进行树苑培土，培土高度20～30厘米。

（2）包树干　用稻草或薄膜包扎树干和主枝，尤其要对幼年树进行包扎，有较好的防冻效果。

（3）树干涂白　对于无包扎树干条件的，可采用石灰水（生石灰：石硫合剂：食盐：动物油：水＝5：0.5：0.5：1：20，搅拌均均）涂白树干。

（4）**摇雪**　柑橘树上如有积雪，及时摇落。

（5）**熏烟**　雪后初晴，最容易出现夜晚低温霜冻，应在下半夜采用锯末、谷壳等堆火熏烟，每亩设4～6处火堆，以防范霜冻。

2. **冻后恢复**　伦晚脐橙果园受冻后应及时查看冻害程度。一级冻害和二级冻害主要表现为晚秋梢和秋梢叶片受冻发黄或干枯，属于轻度冻害，轻度冻害对当年产量一般无影响，但是如果管理不当可能降低当年果实品质；三级冻害和四级冻害主要表现为一年生枝梢或部分主干枝受冻干枯，属于重度冻害，重度冻害显著影响当年产量，并导致当年果实不同程度枯水粒化。

（1）**对于轻度冻害以保产管理为主**　在连续五天晴天后要及时灌溉，薄施肥，以避免果实枯水、恢复树势。同时喷施保护性杀菌剂，以保护果实避免发生冻后炭疽病等。

（2）**对于重度冻害以保树管理为主**　被大雪压断或者撕裂的枝干，采收全部果实，适量清除树叶后扶回原生长部位，对正形成层，用薄膜包扎，并在裂口上部用绳捆绑固定。寒冻过后天晴时及时灌溉，避免冻后长期干旱加剧冻害，导致伦晚脐橙树体死亡。另外，需要进行摇树清园工作，以摇掉落叶并清除落叶落果，最后喷药保护。

受冻树的修剪应该在3月上旬气温回升后进行，从干枯枝部位以下2厘米剪除；重度受冻伦晚脐橙树体在春季修剪后常会大量开花，需要适时疏剪。

第七章

沃 柑 精 细 管 理

沃柑是以色列以坦普尔橘橙与丹西红橘杂交培育的一个晚熟柑橘品种，具有树势强旺、早实丰产、果实外观漂亮、果肉细嫩化渣、汁多味甜、高糖低酸、栽培管理较容易等特点，果农种植沃柑积极性非常高，扩种也十分迅速。沃柑是目前发展最快的晚熟杂柑品种，也是广西重点发展的柑橘品种。

一、春季精细管理

（一）2月精细管理

2月沃柑在广西南宁及以南地区正处于采收期、春梢萌芽期和花蕾期。2月沃柑生产管理重点如下。

1. **幼年树种植** 严寒过后，气温回暖时，适合种植新的柑橘苗木。在已做好的垄上，根据地形地貌和不同的管理水平，按照株行距（2~2.5）米×（3.5~5）米的标准，定点，拉线种植。种植时尽可能填施好优质有机肥。

2. **高接换种** 对其他想更换淘汰的品种，可以在此时采用单芽切接方法换种沃柑。高接换种后第二年即可获得丰产。

3. **继续施基肥** 种植面积较大，在1月未完成采前或采后施基肥的果园和2月已采收果实的果园，继续施基肥。方法为沿树冠滴水线外缘挖深30厘米、宽40厘米、长约1米的条沟，分层施入腐熟有机肥10~15千克＋有机复合肥1~2千克＋钙镁磷肥0.25

千克，酸性土壤还可隔年补充石灰 0.25 千克，调节土壤 pH，增加土壤有机质含量。

4. 继续修剪 种植面积较大，在 1 月未完成采后修剪的果园和 2 月已采收果实的果园，继续修剪。剪除枯枝、病虫枝和下垂枝，对老弱树分次短截，更新枝组，促发壮梢，增强树势。同时选择粗壮的秋梢短截，以促发春梢，统一修剪，整齐放梢。

5. 施肥和灌水 幼年沃柑春梢在 2 月下旬开始抽发，可以在萌梢前 15 天施促梢肥，以速效肥料为主，如尿素、高氮复合肥，浓度 0.1%。

成年树根据树冠大小和挂果情况，株施 15～25 千克腐熟厩肥，施后覆土，以促梢壮花。根据需要可以适量喷施叶面肥，喷施细胞分裂素、芸薹素或磷酸二氢钾等。

遇春旱及时灌水、松土、覆盖保温。

6. 继续采收 2 月枳砧木的沃柑果实品质更佳，香橙砧木的沃柑也逐步趋向成熟，当抽测果实的可溶性固形物含量达到 12% 以上，可根据市场行情，挑选晴天进行及时采收。采前不宜喷药和灌水。

7. 病虫害防治 在广西沃柑产区，2 月会抽生嫩梢，此时在修剪后（梢前）和嫩芽抽生到 1 厘米以内进行喷药防治。主要防控柑橘木虱、粉虱、蚜虫和预防溃疡病、炭疽病等。

（1）柑橘木虱 在新芽长 0.5～1.0 厘米时开始喷药，10～15 天后再喷一次。可选用 25% 噻虫嗪乳油 2 000 倍液、2.5% 溴氰菊酯乳油 2 500 倍液、10% 吡虫啉乳油 1 500 倍液、48% 毒死蜱乳油 1 000～2 000 倍液、5% 啶虫脒乳油 1 500 倍液等药剂控制。

（2）粉虱类 越冬虫初见后 10 天喷第一次药，10～15 天再喷一次，药剂可选用 10% 吡虫啉乳油 1 500 倍液、48% 毒死蜱乳油 1 000～2 000 倍液、5% 啶虫脒乳油 1 500 倍液。

（3）蚜虫 春芽生长见虫后喷第一次药，10～15 天再喷一次，药剂可选用 10% 吡虫啉乳油 1 500 倍液、48% 毒死蜱乳油 1 000～2 000 倍液、5% 啶虫脒乳油 1 500 倍液。

（4）溃疡病 春梢长 3～5 厘米时喷第一次药，到自剪时再喷一次。药剂可选用 20% 噻森铜悬浮剂 300 倍液、46% 氢氧化铜水分散粒剂 3 000 倍液、45% 王铜可湿性粉剂 500 倍液、77% 氢氧化铜可湿性粉剂 400～600 倍液、50% 春雷霉素可湿性粉剂 600 倍液、40% 枯草芽孢杆菌可湿性粉剂 800～1 000 倍液等。

（5）炭疽病 当春芽刚冒，不超过 0.5 厘米时需要喷药保护，10 天左右再喷一次。有效药剂有 65% 代森锰锌可湿性粉剂 600 倍液、70% 丙森锌可湿性粉剂 500 倍液、70% 甲基硫菌灵可湿性粉剂 800～1 000 倍液、20% 苯醚甲环唑水分散粒剂 2 000 倍液等。

（6）疮痂病 当春芽刚冒，不超过 0.5 厘米时需要喷药保护，10 天左右再喷一次。有效药剂有 80% 代森锰锌可湿性粉剂 600 倍液、25% 吡唑醚菌酯乳油 1 000～2 000 倍液、20% 苯醚甲环唑水分散粒剂 2 000 倍液等。

（7）红蜘蛛的防治 时刻监控红蜘蛛的发生情况，当每叶有红蜘蛛 2～3 头时开始用药，有效药剂有 1.8% 阿维菌素乳油 6 000 倍液、5% 唑螨酯悬浮剂 1 000～2 000 倍液、73% 炔螨特乳油 2 000～3 000 倍液、22% 阿维·螺螨酯乳油 1 000～2 000 倍液、30% 乙唑螨腈悬浮剂 4 000 倍液等。

2 月有效药剂组合推荐：代森锰锌/丙森锌＋噻唑锌/喹啉酮＋毒死蜱/吡虫啉/啶虫脒。需根据果园病虫发生规律，选择不同的药剂组合，注意轮换用药，溃疡病尤其注意药剂轮换使用。

（二）3 月精细管理

3 月包括惊蛰和春分两个节气，广西沃柑处在春梢生长期、现蕾期、初花期、盛花期和采收期。果园也进入了农事繁忙时期，需要按以下管理重点进行管理，进而为当年柑橘丰收打下坚实的基础。

1. 幼年树整形抹梢 沃柑幼年树发梢能力极强，对幼年树进行定干，高度为 20～30 厘米。着生密集的春梢需进行适当疏除，原则是去弱留强，每个秋梢桩选留不同方位、长势基本一致的春梢

2～3 条，剪去过长的老熟枝条，长度保留 20～25 厘米即可。整个树形为自然圆头形或自然开张形。

2. **幼年树施促梢肥**　沃柑幼年树长势极强，施肥要勤施薄施，合理配比氮、磷、钾。春季萌芽长梢前施速效肥、高氮复合肥或平衡复合肥。长梢后，通过叶面施肥补充营养，促进新梢生长和转绿。前期以高氮叶面肥为主，新梢 10 厘米以上时以喷施高钾＋水溶有机肥为主可促进新梢老熟。

3. **幼年树果园播种绿肥**　幼年树行间宽敞，可在春季播种花生、绿豆等豆科作物或藿香蓟等良性杂草。

4. **结果树继续采果和施采后肥**　在 3 月上中旬要抓紧时机采收成熟的沃柑上市出售，减少挂果对当年开花的影响。

未完成采前或采后施肥的果园和 3 月已采收果实的果园继续施肥，方法同 1～2 月。

5. **结合疏花进行修剪**　如果沃柑幼年树树势弱，且冬季未采取控花措施，则春季会开很多花。特别是第一年树冠完全没有形成，肯定不能留果的情况，花朵会消耗养分，影响春梢老熟。幼年树除花最有效的手段是人工抹除，但是人工抹除效率比较低。推荐在盛花期喷施普通药剂，以影响授粉受精，达到自然落花的效果。另外还可以采用增施氮肥的方法，促进植株营养生长，导致落花落果，最后残留的花朵再结合人工摘除，可以相对省工省时。

沃柑结果树花多、坐果率高，容易造成营养不足。可以在现蕾期至开花期进行疏花，疏除细枝弱枝的无叶花序花及部分无叶单花枝，减少树体养分的消耗。还可对 3 月采收的果树进行采后和疏花的结合修剪，剪除树冠内病虫枝、交叉枝，疏除过密枝，修剪时注意压缩树冠顶端优势，剪除徒长枝，形成"内空"通风透光的丰产树形，同时剪除离地面太近的中下部枝条。

6. **肥水管理**　3 月仍是果实成熟期，此时的品质非常好，未采收的果园要注意控制水分，以增加糖分积累。

另外，结合初花期防治病虫害，选择喷施芸薹素内酯、赤霉素、液态硼、磷酸二氢钾、中微量元素、有机硅等，以提高开花质量、促进花粉管的伸长。

7. 病虫害防治 随着气温逐渐回升，病虫害的发生日趋严重，应做好防治工作。3月上中旬大部分幼年树春梢叶片已经展开、叶片转绿前喷1次，重点防治柑橘木虱、粉虱、蚜虫、红蜘蛛和预防溃疡病、炭疽病等，防治方法同2月病虫害防控。结果树还需防治灰霉病和花蕾蛆。

（1）灰霉病 在温度15℃左右，相对湿度80%以上，灰霉病发生较重。一旦发病，花瓣上会首先出现水渍状小圆点。如果花期遇到连续的阴雨天，要及时摇花，以免花瓣堆积，发生灰霉病。有效药剂有50%异菌脲可湿性粉剂1 000～1 500倍液、40%腈菌唑悬浮剂8 000倍液，每隔10～15天喷施1次。

（2）花蕾蛆 花蕾肿大变色，形似灯笼，是受花蕾蛆危害的症状。在冬季翻土基础上，及时摘除畸形花蕾、煮沸或深埋杀死幼虫，现蕾期用90%敌百虫可溶性粉剂800～1 000倍液，10%氯氰菊酯乳油3 000倍液，每7天喷1次，连喷2次。

3月有效药剂组合推荐：王铜/氢氧化铜＋代森锰锌/异菌脲/腈菌唑＋乙螨唑＋敌百虫/吡虫啉/啶虫脒。重点防治溃疡病，药剂轮换使用，可于春梢期用药1～2次，谢花后15～20天再喷1次。需根据果园病虫发生规律，选择不同的药剂组合，注意轮换用药。

（三）4月精细管理

4月包括清明和谷雨两个节气，此时广西沃柑处在春梢转绿期、盛花期、谢花期、幼果期和第一次生理落果期。具体管理如下。

1. 幼年树管理

（1）继续除花 根据沃柑不同的树势，春季会有2～4次花，4月再出一批新花序，幼年树仍需继续除花，方法同3月。

（2）抹芽 过密的新芽需要合理抹除，每个枝梢选留不同方位、长势基本一致的春梢2～3条，培养成未来的骨干枝条。抹芽要及时，一般新梢 2～3 厘米的时候进行，太晚会造成养分浪费。

（3）**叶面肥**　小树要充分利用好每一批梢扩大树冠，对未老熟春梢，通过叶面喷施高钾高磷叶面肥＋微量元素＋水溶有机肥（海藻酸/氨基酸）或淋腐殖酸加平衡性水溶肥来壮旺、促梢老熟以及促进早抽发夏梢。

（4）**春季修剪**　如果树冠枝条太多也可在此时进行春剪，疏除多余枝组。对即将老熟春梢进行摘顶，促其老熟；春梢老熟后，选择粗壮的春梢短截，以促发夏梢。

（5）**播种绿肥**　幼年树行间宽敞，可在春季播种花生、绿豆等豆科作物或藿香蓟等良性杂草。

2. **结果树管理**

（1）**采收**　阴雨多发、市场低迷的年份，受前期各类柑橘品种的冲击，4 月未采收的沃柑仍很多。这类果园 4 月的核心工作仍然是采收下树，进行销售。

（2）**保果**　在春季有四种情况，都会造成沃柑保果难度较大、落果多、坐果率低。一是沃柑树势过旺、春梢过旺、夏梢过早，花量少，保果难；二是春梢迟、弱、转绿慢，由于争夺养分，影响稳果，保果难；三是花量大、春梢少，树体新功能叶少，营养消耗大，早夏梢来得快，生理落果最为严重；四是树势虚旺、夏梢旺，强烈争夺幼果养分，严重落果。因此，应根据不同情况，采取配套措施。在谢花 80% 左右，可选择使用细胞分裂素或者 0.01% 芸薹素内酯乳油 3 000～5 000 倍液，1.6% 胺鲜酯水剂 1 000～2 000 倍或 1.4% 复硝酚钠水剂 4 000～6 000 倍液等，同时结合高磷高钾的叶面肥一起喷施，如磷酸二氢钾、氨基酸、海藻酸等。另外，可以追施稳果肥如根施水溶性硫酸钾 100～150 克/株、施用磷酸二氢钾或淋腐殖酸水溶肥，也可采用环割保果，抹梢保果等。

（3）**雨天摇花**　盛花期如遇连续阴雨，需及时进行人工摇花，避免花瓣黏附在幼果上影响光合作用并且引发灰霉病。

3. **病虫害防治**　4 月主要防治花蕾蛆、柑橘木虱、红蜘蛛、潜叶蛾、介壳虫、蚜虫、粉虱等，预防灰霉病、溃疡病、炭疽病等，防治方法同2月病虫害防控。

4月有效药剂组合推荐：噻唑锌/喹啉酮＋代森锰锌/吡唑＋乙螨唑/螺螨酯＋毒死蜱/氟啶胺/吡虫啉/啶虫脒。需根据果园病虫发生规律，选择不同的药剂组合，注意轮换用药。

二、夏季精细管理

（一）5月精细管理

5月包括立夏和小满两个节气，广西沃柑此时处在夏梢萌发期和第二次生理落果期。具体管理如下。

1. 幼年树管理

（1）抹芽、疏梢疏果、促梢　对密挤的夏梢进行抹除，刚刚抽生的嫩梢可按"三留二""五留三"的标准适当疏梢，总体上每枝秋梢桩留2～3条夏梢。留梢的原则：上部顶端优势明显的枝组保留中庸枝，抹去最旺和最弱的新梢；中下部保留最健壮的枝条，以平衡树势。及时摘除未掉落的幼果，减少养分浪费，集中供应抽梢。如果计划早投产，夏梢长到30厘米时打顶，秋梢及时促老熟。

（2）施攻梢肥　推荐使用平衡肥料或者高钾肥料，以免新梢过旺。雨天撒施或晴天开浅沟施复合肥（15-15-15或17-17-17）50～100克，出梢前后施用含腐殖酸的水溶肥500～800倍液，促整齐出梢。同时根据需要采用根外施肥，前期以高氮叶面肥为主，新梢10厘米以上则以高钾＋水溶有机肥＋微肥为主，促老熟。

2. 结果树管理

（1）延后采收　5月幼果开始进入膨大时期，未采收的果实将会受到新果营养竞争和升温的影响，建议尽早采收销售。

（2）抹夏梢　结果树要及时除夏梢，留树冠中上部1/3弱夏梢，有条件的还可以对这些夏梢打顶，只留2叶，可以有效延迟抹芽间隔期7～12天。

（3）保果　未进行环割的植株，树势太旺或是使用红橘、酸橘砧木的，都需要尽快实施环割保果。

（4）**完善排水系统** 雨季很快来临，需在雨季之前，检查排水沟情况，疏通或加深排水沟，做好准备工作。

3. 病虫害防治 5月中旬大部分春梢叶片已展开、叶片转绿前需喷一次药。本月是降水多的季节，溃疡病、炭疽病高发，需要重视预防。除继续按2月病虫害防控方法防治柑橘木虱、蚜虫和预防溃疡病、炭疽病外，还需根据果园情况，防治锈壁虱、潜叶蛾、叶甲类和蜗牛等。本月也是保护益虫的关键时期，应选用低毒、广谱型药剂。

（1）**锈壁虱** 在广西南部温度回升快，需在5月下旬开始预防直到9月，6～7月是锈壁虱发生高峰期。注意观察背光果面，当果面灰暗像有一层灰或用放大镜观察背光果面有锈壁虱时，开始喷药防治，主要药剂有5％虱螨脲乳油1 000～1 500倍液、20％除虫脲悬浮剂2 000倍液。

（2）**潜叶蛾** 在广西南部5月下旬是潜叶蛾幼虫危害的第一个高峰期，农业防治方法为抹除零星抽发的夏梢和秋梢。在夏梢抽发1～3厘米时开始防治，15～20天后再防一次。有效药剂有2.5％氟氯氰菊酯悬浮剂1 500～2 000倍液等。注意保护和利用寄生蜂和草蛉等天敌。

（3）**叶甲类** 柑橘食叶甲虫是危害柑橘梢、嫩叶、花的一类重要害虫，以柑橘恶性叶甲、潜叶甲、灰象甲发生量最大。有效药剂有48％毒死蜱乳油1 000～2 000倍液、20％甲氰菊酯乳油8 000倍液、2.5％溴氰菊酯可湿性粉剂2 500～5 000倍液等。

（4）**蜗牛** 5～8月随着雨季到来和夏季台风与强降水的影响，蜗牛危害严重。5月是蜗牛第一个危害高峰期。有效药剂为6％四聚乙醛颗粒剂，撒施或在树干离地20厘米处用胶带绕上一周，并粘上四聚乙醛颗粒。

本月有效药剂组合推荐：噻菌铜/喹啉酮/春雷霉素＋代森锰锌/甲基硫菌灵/吡唑＋乙螨唑/唑螨酯＋虱螨脲/吡虫啉/啶虫脒/除虫脲。需根据果园病虫害发生规律，选择不同的药剂组合，注意轮换用药。

（二）6 月精细管理

6 月包括芒种和夏至两个节气，广西沃柑此时为第二次生理落果期结束和夏梢生长期。具体管理如下。

1. 幼年树管理

（1）**放夏梢**　为了尽早扩大树冠，可对未老熟的夏梢 30 厘米左右进行打顶，促其老熟；夏梢老熟后，进行短截，促发晚夏梢。

（2）**施肥**　结合放夏梢，施用壮梢肥，以速效复合肥为主，按树冠大小株施 100～200 克。

（3）**压绿肥和树盘覆盖**　由于温度升高，行间的绿肥生长很快，需安排割绿肥，再覆盖于果园地面。在 6 月下旬，幼年树树盘内用秸秆、杂草或地布等覆盖，厚度 15～20 厘米，注意覆盖物离植株主干 20 厘米。

2. 结果树管理

（1）**施稳果壮果肥**　成年树每株施高钾型有机肥或复合肥 250～400 克，促进果实生长发育，可开浅沟施入，也可利用雨季进行树盘撒施。壮旺少果树少施或不施稳果肥。

（2）**防日灼**　果实防日灼是一项综合措施。主要方法有培育合理树型多结内膛果、适当保留夏梢以梢遮阳、果园生草栽培降低果面温度、喷施钙镁等优质叶面肥以提高叶片和果实抗逆性、喷白或者涂白反射阳光、贴纸或者套袋防晒等。涂白工作一般在 6 月底开展，不同年份根据高温来临情况调整时间。

（3）**疏果保果**　6 月中下旬，花期较早的初投产树已完成第二次生理落果，此时可以进行疏果，疏掉树冠顶端的日灼果、畸形果、病虫果和机械外伤果，成串或聚集的果实也要从中挑选品相不好的疏掉。根据树龄选留不同数量果实，如四年生树，以每株留 250～350 个果为宜，其余树龄根据冠幅和管理水平适当增减。

（4）**放晚夏梢**　6 月下旬果实坐稳后，可促发一次晚夏梢，有利于减轻日灼，增加树体光合作用，促进果实品质提升。晚夏梢抽发 1 厘米左右时，喷一次防治木虱的药剂，结合施用高氮叶面肥。

3. **病虫害防治** 进入 6 月由于气温特别高，降水也比较充足，一般红蜘蛛相对较少，但是这个月夜蛾（青虫）、锈壁虱、象甲和潜叶蛾危害依然严重，同时炭疽病和溃疡病易发，还要注意观察粉虱、天牛的发生情况。相关病虫害防治方法同 2 月病虫害防控。若观察见树干和枝梢有天牛，可用敌百虫浸棉球塞入虫孔道，用黄泥封口熏杀幼虫，或用铁丝沿虫道钩杀幼虫和蛹。

本月有效药剂组合推荐：噻唑锌/喹菌酮/氢氧化铜/春雷霉素＋代森锰锌/吡唑＋乙螨唑/螺螨酯＋毒死蜱/吡虫啉/啶虫脒。需根据果园病虫害发生规律，选择不同的药剂组合，注意轮换用药。

（三）7 月精细管理

7 月包括小暑和大暑两个节气，此时广西沃柑处于果实膨大期和夏梢生长期。具体管理如下。

1. **幼年树管理**

（1）修剪和疏梢 计划尽早扩大树冠和早投产的，对未老熟的晚夏梢 30 厘米左右进行打顶，促其老熟；晚夏梢老熟后，进行短截，促发晚夏梢；对多发的晚夏梢进行疏除，去弱留强，每枝桩留 2～3 条。

（2）根外追肥 对抽生的晚夏梢，通过叶面补充营养，促进其生长、转绿。萌发期以高氮叶面肥为主，新梢 10 厘米以上时，喷高钾叶面肥＋水溶有机肥＋微肥为主，促老熟。

2. **结果树管理**

（1）二次疏果 对前期疏果不到位，果树负载量过大的树，本月仍需抓紧时间进行二次疏果，方法同 5 月和 6 月疏果操作。

（2）果实膨大期施肥 7～10 月为果实膨大期，需适当控制氮肥施用量，即少施氮肥、适施磷肥和增施钾肥，多次喷洒钙肥，以有利于提高果实品质，减轻裂果与浮皮现象。施肥以水溶性肥料为主，可选择有机水溶肥＋大量元素水溶肥灌根作为促梢壮梢肥；多施花生麸水肥，提高果实品质。可叶面喷施 600 倍高磷、钾肥 1～2 次壮果壮梢。

（3）**防日灼** 上年枝梢直立粗壮、果实着生在树冠中上部多的情况，可通过碳酸钙粉末喷白或涂白，也可购买可靠防晒剂进行预防。

（4）**防裂果** 在雨季及时排水，干旱时及时淋水，注意少量多次，可覆盖树盘，调节果树和果实中的水分平衡，有效减少裂果。

3. **病虫害防治** 7月虫害以锈壁虱、粉虱、木虱、蚜虫、潜叶蛾为主，病害以炭疽病、沙皮病、脂点黄斑病、溃疡病为主。锈壁虱、秋梢红蜘蛛也逐渐出现。7月是炭疽病的发病高峰期，危害果柄造成大量落果，是防治的重点。摘顶或修剪后，喷一次药剂防治潜叶蛾、介壳虫、蚜虫、粉虱等，预防溃疡病、炭疽病等。结合高氮叶面肥，抽生一次新梢喷2～3次药。防治方法同2月病虫害防控。

本月有效药剂组合推荐：噻唑锌/喹啉酮/氢氧化铜＋代森锰锌/吡唑＋乙螨唑/螺螨酯＋毒死蜱/氟啶虫胺腈/吡虫啉/啶虫脒。夏季注意雨前雨后喷药。需根据果园病虫发生规律，选择不同的药剂组合，注意轮换用药。

三、秋季精细管理

（一）8月精细管理

8月包括立秋和处暑两个节气，广西沃柑处在果实膨大期和秋梢抽生期。具体管理如下。

1. **幼年树管理**

（1）**施攻梢肥** 在新秋梢长10厘米时，开浅沟撒施高钾速效性复合肥或者淋施腐殖酸、海藻酸150～300倍稀释液。另外，对抽生的新秋梢，可以通过叶面补充营养，促进其生长、转绿。萌发期以高氮叶面肥为主，新秋梢10厘米以上时，以喷施高钾叶面肥＋水溶有机肥＋微肥为主，促老熟。

（2）**压绿肥和树盘覆盖** 由于温度升高，行间的绿肥或杂草生长很快，6～9月每月均可安排割绿肥和树盘覆盖。

2. **结果树管理**

（1）**施壮果肥** 7月未完成施壮果肥任务的果园，此时可以继续施壮果肥、不仅可以促进果实膨大，而且可以促进秋梢生长。

（2）**放秋梢** 具体放秋梢时间需依据树龄、树势和结果量而定。为防止抽发晚秋梢，广西南部地区的橘园通常在9月初左右放秋梢，广西北部8月20日左右大量放梢。挂果量大的、山地的、取水不方便的橘园还要提前10~15天，幼年树（含翌年挂果树）可以推迟10天左右。

具体操作是在放秋梢前10~15天修剪，衰弱枝与老枝短截先端部分，剪口处留壮枝壮芽；将密集交叉枝、细弱枝、病虫枝剪去；挂果量多的树，疏掉顶部部分果和下部小果；挂果量少枝条密集的树，对树冠外围的粗壮春梢或夏梢进行修剪，疏枝为主、短截为辅。

（3）**防日灼裂果** 方法同7月，主要针对果实在树冠中上部着生较多的情况实行。防日灼喷白和涂白措施一般每年进行2~3次，根据高温来临情况和涂白剂附着情况安排，如天气预报有高于35℃高温，且上一次涂白剂已被雨水冲刷，保护作用较小时，补充喷白或涂白。继续树盘覆盖。

（4）**撑果** 果实膨大期准备竹枝木条支撑，树冠不特别高大的，也可选择中心立杆结合拉果网的方式，或中心立杆结合拉绳的方式，主要作用是抬高树盘靠近地面的果实，同时防止枝条劈裂。

3. **病虫害防治** 8月主要防治木虱、潜叶蛾、介壳虫、蚜虫、粉虱等，预防溃疡病、炭疽病等，防治方法同2月病虫害防控。晚夏梢或早秋梢抽发1厘米左右时，喷一次药剂防治以上病虫害，保证一梢2~3次药。

本月有效药剂组合推荐：噻唑锌/喹啉酮/氢氧化铜＋乙螨唑/螺螨酯＋代森锰锌/甲基硫菌灵/吡唑＋吡虫啉/啶虫脒。防治溃疡病时注意全面喷湿。需根据果园病虫害发生规律，选择不同的药剂组合，注意轮换用药。

（二）9 月精细管理

9 月包括白露和秋分两个节气，广西沃柑处于果实膨大期和秋梢老熟期。具体管理如下。

1. 幼年树晚秋梢促控　对还未打算翌年留果的幼年树，还可以多留一次晚秋梢。对未老熟的早秋梢进行摘顶，促其老熟；早秋梢老熟后，选择粗壮枝梢（超过 30 厘米）短截，以促发晚秋梢。对于翌年准备留果的幼年树，9 月下旬，叶面喷施磷酸二氢钾＋水溶有机肥＋高硼、锌、镁微肥，喷 1～2 次，促早秋梢老熟，然后控制营养生长，抑制晚秋梢和冬梢抽发。

2. 结果树管理

（1）放秋梢　肥水管理条件较好的果园，大多把放梢时间安排在 9 月初，具体放梢方法见 8 月。

（2）施肥和追肥　施肥方法同 8 月，主要是秋梢肥和壮果肥。本月中旬适当控制施肥种类，尤其是氮肥，少施氮肥、适施磷肥、增施钾肥，多次喷洒钙肥，有利于提高果实品质，减轻裂果与浮皮现象。以水溶性肥料为主，可选择有机水溶肥＋大量元素水溶肥灌根作为促梢壮梢肥；多施花生麸水肥，提高果品质量。叶面施高钾肥 1～2 次、壮果壮梢。

（3）疏果和撑果　撑果方法同 8 月，果园面积太大，原来未进行疏果和撑果的，加快开展疏果和撑果工作。疏果时疏去病果、畸形果、日灼果，以减少养分消耗，保证优质果和秋梢的养分。促进果实糖分积累，提高果实品质，有利于减轻病虫害。

3. 病虫害防治　药剂防治木虱、红蜘蛛、潜叶蛾、蚜虫、粉虱等，预防溃疡病、炭疽病等，加强秋梢生长期蓟马的防治。晚秋梢抽发 1 厘米左右时，喷一次药剂防治以上病虫害，并结合施用高氮叶面肥。防治蓟马可用烟碱类、虱螨脲、15% 甲氨基阿维菌素苯甲酸盐悬浮剂 1 500 倍液等。

本月有效药剂组合推荐：铜制剂/春雷霉素＋代森锰锌/吡唑＋乙螨唑/螺螨酯＋吡虫啉/啶虫脒。需根据果园病虫害发生规律，选择不同的药剂组合，注意轮换用药。

（三）10 月精细管理

10 月包括寒露和霜降两个节气，广西沃柑处在果实膨大期、晚秋梢抽生期和果实转色期。具体管理如下。

1. 幼年树管理

（1）抑制花芽分化 在 9 月底或 10 月初，喷施一次赤霉素以抑制秋梢老熟以及枝条进行花芽分化。

（2）整形拉枝 针对比较直立的树，在秋梢老熟后，进行拉枝、调整角度，并疏除过密枝条，使树型开张。

（3）促晚秋梢老熟 在晚秋梢长 10 厘米时，开浅沟撒施高钾速效性复合肥或淋施腐殖酸、海藻酸 150～300 倍稀释液；或喷施高钾叶面肥＋水溶有机肥＋微肥为主，2～3 次，促晚秋梢尽快老熟。

2. 结果树管理

（1）施肥 10 月进入果实转色期，仍然可以按 8～9 月多施花生麸水肥，并施用钾肥，适当增施磷肥及钙、镁、硼、水溶性有机质腐殖酸、黄腐酸等，促进果实成熟、提高果品质量。另外可采取控水控氮措施促进果实品质提高。

（2）抗旱保湿 10 月秋梢生长期，如降水量过少，出现干旱现象，要及时给植株淋水，补充水分抗旱保湿，保证秋梢生长。

3. 病虫害防治 10 月主要防治木虱、潜叶蛾、红蜘蛛、蚜虫、粉虱等，预防溃疡病、炭疽病等。

本月有效药剂组合推荐：噻唑锌/喹啉酮/氢氧化铜＋代森锰锌/甲基硫菌灵＋乙螨唑/螺螨酯＋吡虫啉/啶虫脒。需根据果园病虫害发生规律，选择不同的药剂组合，注意轮换用药。

四、冬季精细管理

（一）11 月精细管理

11 月包括立冬和小雪两个节气，广西沃柑处于果实着色期和花芽分化前期。具体管理如下。

1. **幼年树管理**

（1）整形拉枝 剪除徒长枝和向内龟背枝，形成"内空"通风透光的丰产树形。对树冠较为直立的，特别是翌年计划投产的幼年树，还可进行拉枝处理。

（2）施冬肥 晚熟杂柑品种，由于果实未采摘，需要根据树势和气温决定是否需要冬至前施肥。最好在气温为 8～15 ℃时施肥，每株结果树开沟埋施 10 千克腐熟有机肥＋0.25 千克长效复合肥＋0.25 千克钙镁磷肥（偏碱性土壤施过磷酸钙），施后覆土。

（3）采取措施减少花芽分化 幼年树在干旱的时候适当补水，来年不挂果的树喷 100～200 毫克/升赤霉素，增加氮肥的施用，抑制花芽形成，防止来年成花。准备第二年挂果的幼年树，11 月上旬喷多效唑和液硼，控冬梢促花芽分化。

2. **结果树管理**

（1）促进着色 按 10 月施肥方法施肥管理。

（2）控冬梢 11 月以后大部分秋梢基本老熟，沃柑控梢压力比较小，按正常时间放梢，基本不需控梢也可以。如果秋梢老熟较早，可以选择喷施多效唑预防抽冬梢。秋梢老熟后用 25%多效唑悬浮剂 400～600 倍液喷施一次，隔 20～30 天再喷第二次。

3. **病虫害防治** 11 月可以施药消灭越冬病虫，铲除苔藓、煤烟病病斑等，摘除溃疡病叶，剪除有溃疡病的枝条等。

（1）果柄炭疽病 发病前可用代森锰锌、丙森锌、甲基硫菌灵、石硫合剂、波尔多液等预防。发病后推荐使用咪鲜胺、苯醚甲环唑、溴菌腈、腈菌唑及吡唑醚菌酯。

（2）疫霉褐腐病 预防性药物有氢氧化铜、代森锰锌、吡唑醚菌酯、嘧菌酯、甲霜·锰锌，治疗性药物有三乙膦酸铝、甲霜灵。

（3）小实蝇 可用 20%甲氰菊酯乳油 1 500～2 000 倍液进行防控。

本月有效药剂组合推荐：噻菌酮/氢氧化铜＋代森锰锌/丙森

锌＋乙螨唑＋甲氰菊酯/炔螨特。及时施药消灭溃疡病、红蜘蛛等病虫害。需根据果园病虫害发生规律，选择不同的药剂组合，注意轮换用药。

（二）12 月精细管理

12 月包括大雪和冬至两个节气，广西沃柑正处于花芽分化期。具体管理如下。

1. 幼年树管理

（1）**树盘覆盖** 12 月上中旬树盘内用秸秆、杂草等覆盖，厚度 15～20 厘米，不能太靠近主干，离主干 20 厘米左右。

（2）**整形拉枝、施冬肥和减少花芽分化** 整形拉枝、施冬肥和减少花芽分化的方法都与 11 月相同，如果 11 月未开展，均可在本月进行。

2. 结果树管理

（1）**冬季清园** 柑橘冬季清园有利于减少病虫基数，减少来年植保压力。先进行修剪，剪除病虫枝、枯枝，摘除溃疡病叶，铲除苔藓、煤烟病病斑等；然后清扫地面枯枝落叶、落果和杂草；翻耕园地，杀灭地面和土中越冬害虫；全园喷施石硫合剂或机油乳剂＋噻螨酮或炔螨特。

（2）**树干涂白** 冬季对柑橘进行树干涂白，可以有效防成虫、杀虫卵、防止病菌寄生。涂白时候，可使用刷子或小笤帚将涂白剂从上至下，均匀涂抹于柑橘树主干和大型的分枝上，尤其是分枝处不要漏刷。

（3）**施冬肥** 施肥方法同 11 月，主要根据树势和气温决定是否施冬肥，如遇暖冬，应把冬肥推迟到 1～2 月采果前后施入。

3. 病虫害防治 本月发生的病虫害类型与 11 月类似。

有效药剂组合推荐：噻唑锌/喹啉酮/氢氧化铜＋代森锰锌/丙森锌＋乙螨唑＋石硫合剂＋炔螨特。及时施药消灭溃疡病、红蜘蛛等病虫害。需根据果园病虫害发生规律，选择不同的药剂组合，注意轮换用药。

（三）1月精细管理

1月包括小寒和大寒两个节气，广西沃柑处于相对休眠期、花芽分化期和果实采收期。具体管理如下。

1. 幼年树管理

（1）**修剪整形**　暖冬季节，在少量春芽萌动时进行全园统一打顶修剪，促发新梢。幼年树以轻剪为主，过旺树或树形严重不合理的树，疏剪重叠枝或短截树冠外围徒长枝，重视培养主干结构。开春准备留果的幼年树，剪除徒长枝和向内龟背枝，形成"内空"通风透光的丰产树形，还可以进行拉枝整形，更有利于成花。

（2）**新种果园备耕**　坡度较小的地块可采用大马力拖拉机单犁头进行全园深耕深松，在土壤湿度不大时进行犁地，方向取等高线方向或者垂直道路，犁1次可犁深度60厘米左右，再耙1~2次至平整。然后根据坡地、平地或水田的排水情况，用挖掘机开挖排水沟，按行向起垄，垄高20~30厘米。如果是较陡的坡地可用大型挖掘机进行一次全园深挖，深度60厘米左右，然后再耙平或者整成梯田。或者挖长宽各1米、深0.6米的定植坑，然后放50千克沤制好的有机肥、1千克过磷酸钙与泥土拌匀后回坑，回土高出地面20厘米左右。

（3）**施越冬重肥**　大寒前后，根据树冠大小，挖沟20~40厘米施腐熟有机肥3~5千克＋钙镁磷肥0.25千克，酸性土壤还可隔年补充石灰0.25千克，调节土壤pH，增加土壤有机质含量，改善土壤结构，促进幼年树根系纵向、横向扩展，为幼年树枝梢生长、树冠扩大提供营养保证。

（4）**冬季清园**　1月可以继续进行冬季清园，方法同12月。

（5）**促花肥水**　对准备投产的幼年树，1月底淋施腐殖酸钾、海藻酸等水溶性有机肥，有利于促花防寒。

（6）**检查清除黄龙病树或其他病树**　按叶片黄化规律，以黄龙病特异性叶片为标准鉴定识别黄龙病，难以判断的黄化树，可抽样送到专业机构做黄龙病病原的分子鉴定检测，根据结果及时标记好发病树，安排全园施药后尽早清除病树。

2. **结果树管理**

（1）**采收** 枳砧木的沃柑果实在1月已达适宜采收时期，可在春节前挑选晴天及时采收，采前不宜喷药和灌水。

（2）**修剪整形** 已采果的树，剪除树冠内病虫枝、交叉枝，疏除过密枝，修剪时注意压缩树冠顶端优势，剪除徒长枝，形成"内空"通风透光的丰产树形，修剪离地太近的中下部枝条，逐年抬高树冠枝组分布空间。可在春季萌芽前短截部分衰弱枝组。

（3）**采后扩穴改土施重肥** 已采果的沿树冠滴水线外缘挖深30厘米、宽40厘米、长约1米的条沟，分层施入腐熟有机肥10～15千克＋有机复合肥1～2千克＋钙镁磷肥0.25千克，酸性土壤还可隔年补充石灰0.25千克，调节土壤pH，增加土壤有机质含量。

（4）**促花壮花** 树冠追施叶面肥，可以用0.3％磷酸二氢钾＋高硼肥＋氨基酸。

（5）**防冻防寒** 广西低温常发生在1月上中旬，在种植北缘地带，可在低温来临前灌足水，并辅助做好树盘覆盖、培土护根、果园熏烟等措施，保护树体和果实使之少受伤害。

（6）**检查黄龙病树或其他病树** 结果树此期诊断黄龙病，最有利的是从果实是否为"红鼻子"果入手鉴定识别黄龙病，结合黄龙病叶片特异性进行识别，方法同幼年树。

（7）**留树保鲜处理** 未采果或计划年后再采收的果园，在冬季低温冻害来临前，可喷施20毫克/升2，4-D＋高钾叶面肥。第一次喷后，如果低温持续时间较长，间隔20～30天再喷一次，防止异常落果。

3. **病虫害防治** 1月是南方的最冷月，这个月是沃柑一年中病虫害相对最少的时段。此时主要进行冬季清园，具体方法同12月。

第八章

赣南脐橙精细管理

赣南实际是指赣州市，地处中亚热带南缘，属典型的亚热带季风性湿润气候。春早、夏长、秋短、冬暖，四季分明，降水量充沛，是我国甜橙生态适宜区和宽皮柑橘生态最适宜区之一。据多年的气象资料显示，赣南年均温 18.1～19.6 ℃，＞10 ℃的有效积温 6 135～6 699 ℃，1 月平均气温 7.3～9.2 ℃，平均极端最低气温 －3.5～－1.5 ℃，极端最低气温－7.9 ℃，无霜期为 290 天，9～11 月昼夜温差 13.3 ℃，年日照 1 644 小时，空气相对湿度 79.9%。受海洋季风影响，降水量要比省内其他地区多出 100 毫米以上，年均降水量达 1 601 毫米，且雨热同季，在柑橘生长季节分布相对均匀。赣南脐橙产区春季多雨，温暖湿润，有利于柑橘生长开花；秋冬晴朗、干燥少雨，昼夜温差大，极有利于柑橘果实积累糖分。因此脐橙产量高，品质十分优良。

赣南多为浅丘岗地和缓坡山地，大部分可垦地的坡度在 20°以下，相对高程一般不超过 200 米。全市有近 200 万亩的旱地、高排田（山丘之间夹着的海拔较高的小梯田）和退耕还林地适宜种植柑橘，尚未开垦的可耕山地、浅丘和岗地有 313.33 万亩。赣南土地资源丰富，这在全国其他柑橘产区是不多见的。

赣南曾经栽种的脐橙品种有很多，目前经济栽培的是中早熟品种，主要有纽荷尔脐橙、奈维林娜脐橙、红肉脐橙。另外，近年来还栽培赣南本地选育的脐橙新品种，如赣南早脐橙、安远早脐橙、赣福脐橙、龙回红脐橙等。

一、春季精细管理

（一）2月精细管理

1. 幼年树管理

（1）施肥促春梢 幼年树施肥应遵循"勤施薄施，少量多次"的原则。春芽萌动前后（2月中旬），开始第一次施肥。施肥方式建议采用浅沟施肥或浇施。浅沟施肥时，沿树冠滴水线外缘相对两侧开环状或条状施肥沟，沟深10厘米左右，长度与树冠齐平，将肥、土拌匀施入沟内，肥料用量为尿素0.1～0.15千克＋复合肥0.1～0.15千克，因春梢生长量大，可适当多施些尿素。水肥浇施时，腐熟有机肥兑水稀释后，浇施于树冠范围内。肥料最好选用枯饼，浇施前必须完全腐熟；必须严格掌握肥料使用浓度，防止浓度过高造成肥害，建议使用浓度为1%左右，最高不超过1.5%；有机水肥中可适当添加尿素、复合肥等速效化肥，化肥浓度应控制在0.5%以下，每株施肥量与撒施相同。采用水肥浇施的，为防止根系上浮，每次必须浇透；有滴灌设施的，可采用先浇水、再浇水肥、后又浇水的方式。

（2）树体管理 若进行了树冠覆盖防冻，月初要及时去除覆盖物，及时抹除主干上萌发的新芽，促进主干加粗生长。

（3）病虫害防治 勤入园检查，防治好柑橘木虱、红蜘蛛等害虫。春芽长0.5厘米左右时，及时喷药防治柑橘木虱，每7～10天1次，连喷3次，直至春梢叶片转绿为止。防治柑橘木虱的同时，结合防治柑橘红蜘蛛，第一次喷药建议选用99%矿物油乳剂100～150倍液＋73%炔螨特乳油1 500倍液＋杀虫剂（如毒死蜱、高效氯氰菊酯等）。

2. 结果树管理

（1）施肥促春梢 方法与幼年树相同，施肥量增加。开沟浅施，施肥量为每株柑橘专用肥1千克或尿素0.3千克＋复合肥0.5千克。

（2）树体修剪 未完成修剪工作的，在春芽萌动后至开花前抓紧时间完成。

（3）**病虫害防治** 防治对象与方法与幼年树管理相同。

（二）3月精细管理

1. 幼年树管理

（1）**施肥促春梢** 采用浇施方法施肥时，于春梢伸长期（3月上旬），追施第二次速效化肥；春梢展叶转绿期、开花前（3月下旬），追施第三次速效化肥。用量与2月相同。

（2）**摘除花蕾** 花蕾露白膨大期至开花前，摘除全部花蕾、剪除无叶花枝，集中营养供枝梢生长，扩大树冠。

（3）**收割种植绿肥** 冬季种植了肥田萝卜等绿肥的，3月中旬及时收割，直接翻埋入土中。土壤疏松后，3月下旬接着种大豆等绿肥作物。

（4）**病虫害防治** 重点防治柑橘溃疡病、黑点病、炭疽病等病害，和柑橘木虱、红蜘蛛、白粉虱等害虫；兼治金龟子、卷叶蛾、椿象、蚜虫、潜叶甲等害虫。3月中旬，广谱性杀虫剂、杀木虱药剂、杀螨剂与叶面肥混用，综合防治一次害虫；3月下旬，春梢展叶转绿期、开花前，喷一次波尔多液保护新梢，浓度为硫酸铜∶生石灰∶水＝0.5∶（0.5～0.6）∶100，防治柑橘溃疡病、黑点病、炭疽病等病害。喷洒波尔多液后15天内，不要喷其他药，避免失效。

2. 结果树管理

（1）**完成修剪工作** 未完成修剪工作的，必须在开花前完成。

（2）**保花与疏花** 树势较衰弱、花量较小的脐橙树，结合防治病虫害，适当喷施营养液保花，第一次喷施在花蕾露白期（3月上中旬），常用0.3％尿素＋0.2％磷酸二氢钾＋0.2％硼砂（硼酸）或商品有机、无机叶面肥进行树冠喷施，促进花蕾生长；树势过旺、梢多花少的脐橙树，采用控梢保花的方法，在花蕾露白时，将树冠上部、花枝附近的无花强壮春梢抹除，保留中庸、偏弱的春梢，抹除同一母枝花枝上方的无花春梢。

对于花量过大的脐橙树，现蕾后至开花前，及时疏除无叶花序枝、无叶单花枝、细弱花枝、密生花枝等，短截部分长花枝，多保留有叶单花枝和有叶花序枝，减少花量。树冠内膛中庸枝上的无叶花枝，具有一定坐果能力，应适当保留。

（3）病虫害防治　重点防治对象、方法、时期与幼年树管理相同，还需兼治花蕾蛆、蓟马等害虫。上年蓟马发生严重的果园（果实被害率＞10％），结合防治其他病虫害，于花蕾露白后、开花前喷1～2次毒死蜱、啶虫脒等药剂。

（三）4月精细管理

1. 幼年树管理

（1）促晚春梢萌发　春梢老熟后（4月上旬），对主枝、副主枝延长枝进行轻度短截（截去前端1/3左右），刺激早日促发新梢，扩大树冠。注意剪口芽方向，以斜向上为佳，不能选择在直立向内或斜生向下的芽口处短截。短截后萌发的新芽数量少，新梢长度＜5厘米时，集中抹芽一次，以促发较多新梢。抹芽后，追施肥料促使新芽尽早萌发（4月下旬），方法和用量与2月幼年树管理相同。

（2）摘除花、幼果　发现遗漏的花、幼果，及时摘除。

（3）种植绿肥　3月未完成绿肥种植的，4月上旬全部种完。

（4）病虫害防治　晚春梢萌芽后，注意防治柑橘木虱，防治时间与方法同2月。其余防治对象与3月相同。春梢老熟前后（3月下旬至4月上中旬）是金龟子严重危害之时，若发生量大，可于晚上组织人工捕捉。

2. 结果树管理

（1）保果　谢花后，结合害虫防治，再喷一次营养液保果；继续开展控梢保果。保果溶液建议为0.3％尿素＋0.2％磷酸二氢钾＋赤霉素50毫克/升。

（2）病虫害防治　重点防止幼果感染柑橘溃疡病、黑点病及柑橘红蜘蛛、蓟马、白粉虱、介壳虫等病虫害。柑橘黑点病发病较重的果园，在冬季清园的基础上，谢花后开始喷药保护，15～20天1

次，连续用药 3～4 次。推荐药剂：99％矿物油乳剂 400～600 倍液＋80％代森锰锌可湿性粉剂 600～800 倍液，注意药剂轮换。雨前喷药效果好于雨后。4 月底介壳虫第一代若虫开始发生，上年危害重的果园喷第一次药防治。

二、夏季精细管理

（一）5 月精细管理

1. 幼年树管理

（1）施肥促春梢生长、老熟 5 月底新梢伸长期、叶片展叶转绿期，各叶面追施一次高氮和高钾肥，促进春梢生长和及早老熟。

（2）病虫害防治 新梢自剪展叶前，重点防治柑橘木虱、潜叶蛾、白粉虱、蚜虫等害虫，以及柑橘溃疡病、炭疽病等病害。5 月正值星天牛成虫羽化高峰期，勤检查、及时捕杀成虫，特别是苦楝树对天牛诱性强，应注意砍除，或在园外集中种植，诱集天牛方便捕捉。

2. 结果树管理

（1）继续保果 第一次生理落果结束后，结合害虫防治，喷第三次营养液保果；第一次生理落果后着果较少的植株，可喷洒一次芸薹素、赤霉素（GA）或赤霉素＋细胞激动素（GA＋BA）进行保果，使用激素保果应控制较低浓度，如赤霉素使用浓度控制在 $25×10^{-6}$～$50×10^{-6}$ 倍液（1 克兑水 20～40 千克），防止发生药害。

（2）抹除零星新梢 第一次生理落果结束后，树体陆续萌发新梢，待新梢长度为 5 厘米左右至展叶前，集中抹除，防止因梢果矛盾加重落果；疏剪易萌发新梢的强枝或落花落果枝，减少抹芽次数。

（3）病虫害防治 重点防止幼果感染柑橘溃疡病、黑点病及柑橘红蜘蛛、蓟马、天牛、介壳虫等病虫害。5 月上中旬为介壳虫第一代若虫发生高峰期，勤入果园检查，发现若虫大量孵化及时喷药防治。

（二）6 月精细管理

1. 幼年树管理

（1）促早夏梢萌发、生长 春梢老熟后，继续综合应用短截、摘心、抹芽、追肥等手段，及早促发早夏梢（6 月上中旬），继续扩大树冠。

（2）收割绿肥 3 月种植的大豆，6 月下旬可开始收割，用于树盘覆盖或开沟填埋，增加土壤有机质含量。

（3）病虫草害防治 自然生草栽培的果园，6 月初及时刈割。若使用化学除草剂，应注意：一是按药品说明浓度使用，不能随意提高；二是不要喷到枝叶上。新梢萌芽后、自剪展叶前，重点防治柑橘木虱、潜叶蛾、白粉虱及柑橘溃疡病等病虫害。继续捕杀天牛成虫，注意检查主干，及时刮除虫卵、钩杀幼虫。

2. 结果树管理

（1）施壮果肥 第二次生理落果结束后（6 月上中旬），开沟施壮果肥，视单株挂果量，每株施用腐熟饼肥 2～3 千克＋柑橘专用肥 0.5～0.75 千克或复合肥 0.5 千克，缺硼、镁较重的每株土施氢氧化镁 0.25 千克、硼肥 15 克加叶面喷施 1～2 次。

（2）适时促放早夏梢 挂果量大、新梢抽生少的果园，适时抹除全部新梢，控制化肥施用、减少夏梢生长；挂果量较少、新梢抽生量大的果园，在前期抹芽 1～2 次的基础上，于 6 月中下旬，集中促放一批早夏梢，减轻抹芽负担、减少日灼果的产生；树势弱、挂果量又大的果园，6 月初有目的地剪除部分外围中上部果实，以果换梢，促发一批早夏梢，逐步增强树势。柑橘溃疡病发病重的果园，建议全控夏梢；发病较轻的果园，放夏梢前最好集中清理 1 次病枝叶，降低病原基数，有利于夏梢防控溃疡病。

（3）病虫草害防治 重点防治柑橘红蜘蛛、天牛、白粉虱及柑橘溃疡病、黑点病等病虫害。新芽长 0.5 厘米左右时，重点防治柑橘木虱，视虫情连续喷药 2～3 次，间隔 7～10 天，直至新梢叶片展开。

（三）7 月精细管理

1. 幼年树管理

（1）促晚夏梢萌发、生长 早夏梢老熟后，继续综合应用短截、抹芽、追肥等手段，及早促发夏梢萌发（7 月中下旬），继续扩大树冠。

（2）病虫害防治 新梢萌芽后，重点防治柑橘木虱、潜叶蛾、白粉虱及柑橘溃疡病等病虫害。7 月上旬天牛幼虫蛀入主干位置较浅且有木屑排出，容易辨认，注意勤检查并及时钩杀。

2. 结果树管理

（1）新梢管理 6 月促放了早夏梢的果园，通过土施肥料结合叶面追肥、摘心等技术措施，促进新梢老熟；夏梢老熟后，适时集中抹除零星萌发的新梢；全控夏梢的果园，在新梢展叶前适时抹除。

（2）病虫害防治 新梢生长期，重点防治柑橘木虱、潜叶蛾、白粉虱及柑橘溃疡病、黑点病等病虫害；台风过后应特别注意防病。7 月中旬为介壳虫第二代若虫高发期，中下旬柑橘锈壁虱高发，注意喷药防治。

三、秋季精细管理

（一）8 月精细管理

1. 幼年树管理

（1）促晚夏梢老熟 通过浇施 1～2 次腐熟有机肥和少量复合肥，叶面追施磷、钾肥以及摘心等措施，促使晚夏梢本月中下旬老熟。如遇干旱，浇水、施肥同时进行。

（2）病虫害防治 重点防治柑橘木虱、潜叶蛾、白粉虱及柑橘溃疡病等病虫害。

2. 结果树管理

（1）促早秋梢 8 月上旬集中抹除零星萌发的新梢 1 次，8 月中下旬抓住降水天气，促放一批优质早秋梢，为第二年挂果奠定基础。萌芽前浇施一次腐熟有机肥加少量复合肥，促进发梢齐整、健壮。

（2）**抗旱促生长**　如遇干旱天气，应在叶片卷曲前浇水，促进新梢抽生及果实膨大。

（3）**病虫害防治**　秋梢萌发后，重点防治柑橘木虱、潜叶蛾、白粉虱及柑橘溃疡病、黑点病等病虫害。柑橘锈壁虱仍处于高发期，8月底为第三代介壳虫若虫孵化高峰期，并且随着温度下降，柑橘红蜘蛛开始发生发展，注意及时用药防治。

（二）9月精细管理

1. 幼年树管理

（1）**促秋梢萌芽、生长**　晚夏梢老熟后，视降水情况，继续综合应用短截、抹芽、浇施腐熟有机肥液等措施，及早促发夏秋梢（9月15日前），继续扩大树冠。

（2）**抗旱促生长**　如遇干旱天气，在叶片卷曲前浇水，促进秋梢萌芽、生长。

（3）**种植绿肥**　9月初种大豆等绿肥作物。播种后注意浇水保湿，提高发芽率。

（4）**病虫害防治**　秋梢萌芽、伸长期至展叶前，注意防治柑橘木虱、潜叶蛾、红蜘蛛及柑橘溃疡病等病虫害；展叶后至老熟期，注意防治柑橘红蜘蛛、白粉虱及柑橘溃疡病。结合叶面追肥1～2次，促进秋梢萌芽、生长。

2. 结果树管理

（1）**促秋梢老熟**　采取浇水和叶面追磷、钾肥等措施，促进秋梢老熟。

（2）**抗旱促生长**　如遇干旱天气，在叶片卷曲前浇水，促进新梢抽生及果实膨大。

（3）**撑果**　9月中下旬开始，将结果太多的枝条、果实距地面太近接触地面的枝条、挤在一堆的果枝，采取撑、拉、吊等方式分开、固定，减少结果枝折断、果实发病等因素造成产量损失，同时改善树体通透性、减轻病虫害、方便管理。

（4）果实防日灼 通过浇水抗旱、果实涂白、利用秋梢遮挡等方式，减少日灼果的产生。

（5）病虫害防治 重点防治柑橘木虱、红蜘蛛、白粉虱、吸果夜蛾及柑橘溃疡病、黑点病、炭疽病。中旬开始在果园内安放频振式杀虫灯诱杀吸果夜蛾，30 亩左右放置一盏，高度应超过树冠 1 米左右；9 月中下旬为急性炭疽病发生高峰期，若遇干旱发病更重，会造成大量落叶、落果，应在浇水抗旱的基础上及时用药预防。

（三）10 月精细管理

1. 幼年树管理

（1）促秋梢老熟 采取浇水和叶面追磷、钾肥等措施，促进秋梢老熟。

（2）浇水抗旱 如遇干旱天气，在叶片卷曲前浇水抗旱。

（3）抹除晚秋梢 在新梢展叶前，适时抹除 9 月中旬后零星抽发的晚秋梢。

（4）病虫害防治 重点防治柑橘木虱、红蜘蛛、白粉虱及柑橘溃疡病、炭疽病。

2. 结果树管理

（1）抹除晚秋梢 在新梢展叶前，适时集中抹除 9 月中旬后零星抽发的晚秋梢。

（2）撑果 中旬前完成撑、拉、吊果工作。

（3）浇水抗旱 如遇干旱天气，在叶片卷曲前浇水抗旱，促进秋梢老熟及果实膨大，减少日灼果的产生。

（4）病虫草害防治 自然生草栽培的果园，10 月上旬开展人工刈割或化学除草工作。

（5）采果前准备工作 准备好采收和运输工具，如专用果剪、果梯、采果篮、采果袋、果筐、车辆等；果筐清洗、晾晒；库房打扫干净，用硫黄熏蒸或用 40% 甲醛溶液以 40 倍液喷洒库房进行彻底消毒。

四、冬季精细管理

（一）11月精细管理

1. 幼年树管理

（1）继续抹除晚秋梢 适时集中抹除零星抽发的晚秋梢。

（2）收割种植绿肥 9月初种植的绿肥，11月下旬开始收割，扩穴改土时进行深埋。紧接着可再种植一次肥田萝卜作为绿肥。

（3）扩穴改土施基肥 秋梢完全老熟后，11月中下旬开展扩穴改土施基肥工作。沿树冠滴水线外缘相对两侧开条状施肥沟，沟深60厘米左右，长度与树冠齐平，将肥、土拌匀施入沟内，肥料用量为腐熟有机肥2千克＋磷肥1千克，然后覆土。

（4）修剪整形 脐橙幼龄期，枝、叶较少，应在整形基础上少修剪，多采用撑、拉枝等方式，以增加枝叶量，尽早形成树冠。修剪对象：主干上萌发的强枝；严重扰乱树形的徒长枝、大枝，周围又无发展空间的；影响主枝、副主枝生长的强枝；造成枝叶太密集的背上或背下枝等均要及时疏除。冬季修剪忌采取短截的方法，以避免因刺激而萌发大量的晚秋梢。

（5）病虫害防治 主要防治对象为柑橘木虱、红蜘蛛，相关用药参照前面月份防治病虫害方法中提及的药剂。

2. 结果树管理

（1）适时精细采收 在赣南，纽荷尔、奈维林纳等脐橙品系在11月中下旬成熟；红肉脐橙则在12月上中旬成熟。果实成熟后，及时采收；入库贮藏果实应比鲜果销售的稍早采收，以果实成熟度为85%～90%为宜。采果操作流程：就一株树而言，先外后内，先下后上；就一个果而言，实行"一果两剪"，以免损伤果蒂及表皮，影响果实的贮藏性能；果实采收必须轻剪轻放，禁止强拉硬扯；采下的果实不宜接触果园地面。采果人员操作前切忌喝酒，剪平指甲，佩戴手套；凡下雨、起雾的天气，露水未干均不宜采果；果实在果园进行初选后，及时运入室内或采后商品化处理企业进行防腐保鲜入库贮藏，不得露天堆放暴晒和过夜。

（2）果实防腐保鲜贮藏　果实采下后，剔除受病虫害严重影响的果、裂果和损伤果，在 24 小时内进行洗果及防腐保鲜处理。防腐剂选用柑橘专用保鲜剂，按规定浓度配成药液，将果实完全浸入药液中 1 分钟左右，沥干药液。然后将果实堆放在阴凉通风的果棚或预贮室内，使其自然通风、散热失水（预贮），3～5 天后果实稍微变软且有弹性时即可进行单果套袋包装。选择专用薄膜保鲜袋，一果一袋，单果包装过程中将达不到商品要求果实挑出，另作处理；包装时也应做到轻拿轻放，避免损伤果实，影响果实贮藏性能。包装好的果实用果筐装好后即可入库贮藏。入库贮藏的果筐内果实不宜装得太满，以免压伤果实；果筐不宜堆放过高，中间要留过道，方便检查；贮藏初期，除雨天、大雾天气外，尽量开窗通风，降温排湿；中期（12 月下旬至春节期间）气温较低，应注意保持库内温度稳定；后期室内温度随外界气温回升而增高，且变化较大，宜引入冷空气加以调节，做到日落开窗、日出关窗。

（二）12 月精细管理

1. 幼年树管理

（1）完成扩穴改土施基肥　冬季温度较低、低洼易受冻的果园，此项工作最好能赶在霜冻来临前的 12 月中旬前完成。

（2）修剪整形　12 月中旬前完成幼年树的修剪整形工作，方法同 11 月。

（3）冬季清园　将清除的病树、修剪下的枝叶、树盘下的枯枝落叶与杂草及植物覆盖物等，全部清理出园外集中烧毁，或结合施基肥开沟深埋；柑橘溃疡病发生较重的果园，多次剪除感病枝叶，带出园外集中烧毁，尽量压低病原基数，为生长季节防控打好基础；每 2～3 年全园土壤深翻一次，深度 25 厘米左右，树冠范围内根系多的深翻深度 10 厘米左右，避免伤根太多、太重；每 2～3 年全园撒施生石灰，用量为每株 1～1.5 千克。

（4）抗寒防冻　一是冻前灌水。对赣南脐橙影响最大的冻害为霜冻，一般 12 月中旬为初霜期，12 月下旬至翌年 1 月下旬霜冻危害最重，在霜冻来临前 7～10 天进行灌溉，可提高土壤含水量与土壤温度，有效避免或减轻冻害程度。二是树冠覆盖。树冠覆盖既可有效阻隔霜对枝、叶的直接伤害，又可在翌日太阳暴晒时遮阳，减缓枝、叶细胞液解冻速度，从而减轻霜冻对枝、叶的危害。可采用遮阳率 75％以上的遮阳网整行覆盖，覆盖时先在树冠表面撒上一层稀薄的稻草或杂草，再盖上遮阳网固定即可，忌用塑料薄膜；雨、雪天及时揭去，防止覆盖物压损枝干或造成炭疽病而导致落叶。三是树盘覆盖。建议优先选用园艺地布进行树盘覆盖，用稻（杂）草等材料进行覆盖的，厚度不少于 10 厘米，以提高土温与湿度，保护根系，避免或减轻冻害。四是树干刷白。采用生石灰 0.5千克、硫黄粉 0.1 千克、食盐 20 克，加水 3～4 千克拌匀调成糊状，涂刷主干及主枝，可减轻冻害以及兼治病虫害（此项措施最好在 12 月上旬完成）。其他的防冻措施还有熏烟、树干培土壅蔸、喷抑蒸保温剂等。

2. 结果树管理

（1）完成采果与贮藏保鲜　在 12 月中旬完成采果工作，并做好果实的贮藏保鲜。方法详见 11 月管理。

（2）大枝修剪　采果后，全园灌溉一次，待树体恢复后，再开展喷药、修剪等工作。

大枝修剪是指以主枝、副主枝及较大侧枝为剪除对象的一种修剪技术，一般在四年生以上结果脐橙园开展。目的是调节营养生长与生殖生长之间的平衡，延长树体经济寿命；扩大挂果容积，增加产量；营造通风透光的生长环境，减轻病虫害；方便果园管理等。大枝修剪时，一是将离地面太近、易造成果实拖地的大枝从基部锯除，抬高主干，改善下部通风条件，这也有利于病虫害防治。二是锯除中间郁蔽枝，一般锯除与主枝生长方向相反的大枝或从主枝上长出的强徒长枝。三是回缩衰弱枝组、过高大枝。脐橙大枝修剪操作流程可以概括为一蹲、二转、三锯、四补。首先面朝太阳方向蹲下，观察树体大枝结构，选择好要保留的主枝，同时选准造成树冠郁闭的大枝和离地面太近的大枝。然后绕到下蹲位置对面，用手拉动选准的郁闭枝，衡量锯除该大枝是否会修剪过重，若不过重可进行下步操作，若过重则需要重新确定修剪部位。最后才将选准的造成树冠郁闭的大枝、内膛长势过强的徒长枝及离地面太近、果实易接触地面的大枝锯除，并回缩衰弱的结果枝组。修剪完成后，观察树冠投影是否有零散分布的光线照入，若修剪不到位，则按前述三步进行补充修剪。注意事项：锯口应平滑、稍倾斜，以利于雨水滑落；大枝锯（剪）口应涂蜡或杀菌剂保护；树体修剪量控制在全树枝、叶量 20% 以内，避免因修剪量过大造成树势衰弱。

（3）**冬季清园**　方法与操作参照幼年树管理。

（4）**抗寒防冻**　方法与操作参照幼年树管理。

（5）**施基肥**　沿树冠滴水线向外开沟施肥，沟宽、沟深均为 40～50 厘米；底层压埋粗有机肥，每株中上层施腐熟饼肥或柑橘专用肥 4～5 千克＋磷肥 1～1.5 千克等。

（三）1 月精细管理

1. 幼年树管理

（1）**冬季清园**　方法与操作参照上年 12 月的管理。

（2）**抗寒防冻**　方法与操作参照上年 12 月的管理。

（3）**扩穴改土深施基肥**　此项工作上年 12 月上旬未完成的，待新芽萌动前及时完成。

（4）**检修设施设备**　对浇水、喷药、肥水一体化管道、运输机械等设施设备，进行全面的检修、保养，为当年田间管理做好准备。

2. 结果树管理
1 月结果树的管理延续 12 月的管理工作，根据情况继续进行大枝修剪、开沟施基肥、冬季清园和检修肥水滴灌系统等工作。

第九章

梅州柚精细管理

广东梅州市位于广东省东北部，北纬 23°23′～24°56′、东经 115°18′～116°56′，地处福建、广东、江西三省交界处，属亚热带季风气候区，是南亚热带和中亚热带气候区的过渡地带，年平均降水日为 150 天左右，多年平均年降水量在 1 470～1 800 毫米，有效总积温 7 700 ℃以上，年平均日照时数 2 000 小时以上，年平均气温为 20.6～21.4 ℃，每年无霜期在 300 天以上。梅州春夏降水充沛、秋冬相对干旱，优良的气候条件有利于高品质柚类生产。目前梅州已成为全国最大的柚类生产基地之一，该地目前主栽品种有沙田柚、蜜柚（琯溪蜜柚、红肉蜜柚、三红蜜柚），另外水晶柚、梅花早柚、四季柚、可口柚等品种也有少量种植。据梅州农业部门统计，至 2017 年全市柑橘总种植面积 72.5 万亩，总产量 108.7 万吨，其中柚类总种植面积 58.64 万亩，总产量 89.92 万吨。梅州金柚、大埔蜜柚获得了国家农产品地理标志。梅州金柚获得了国家地理标志，大埔蜜柚还入选"中欧 100＋100"地理标志互认互保产品。梅县区、大埔县分别获"中国金柚之乡""中国蜜柚之乡"称号。

一、春季精细管理

（一）2 月精细管理

2 月包括立春和雨水两个节气，广东梅州柚正处在春梢萌发期和现蕾期。具体管理如下。

1. 肥水管理

（1）**幼年树施肥** 根据树龄不同，春梢萌发后，在树冠滴水线下挖深 15～20 厘米的浅沟，每株施腐熟粪水 5～10 千克＋尿素 0.1～0.2 千克，兑水淋施后覆土。

（2）**结果树施春梢促芽肥** 在树冠滴水线下挖深 15～20 厘米的浅沟，淋施腐熟粪水加复合肥等，施后覆土。施肥量要根据树势强弱和结果量多少酌情增减。青壮年结果树施用钾肥壮花、壮梢，弱树、多花树则补施一次速效氮肥或复合肥。酸性土壤树冠下每株撒施生石灰 1～1.5 千克，施后浅松土。少花蕾、过旺树，则控制氮肥施用。加强根外追肥，特别是钼酸铵、硼、镁、磷酸二氢钾等。

（3）**水分管理** 适当调节土壤湿度，可影响春季萌芽及开花迟早。在降水充足的地区，只要底土不干，不需要灌溉。若出现春旱，应在萌发前及时灌水、松土、覆盖保湿，如水分不足会延迟萌芽期。降水多或地下水位高的柚园要做好排水工作。

2. 修剪整形

（1）**幼年树修剪** 对过旺春梢留 20～30 厘米摘心、短截或酌情疏除部分过密枝。新植幼年树出现春梢数量少的可按去早留齐的原则抹 1～2 次芽，促使春梢整齐，同时抹除幼年树主干分枝以下脚芽。

（2）**青壮年结果树修剪** 由于春梢伸长转绿过程中正值花器生长发育，花开、幼果形成期。梢与花、梢与果互相争夺养分十分激烈，故在生产上应疏去过量春梢，一般一个枝梢保留 2～3 个新梢，或对过长春梢留 5～8 张叶及时摘心，以保证花果的营养供应。

（3）**老弱树修剪** 短截部分衰弱枝，更新枝组，促发新梢、壮梢，降低结果部位，延长结果年限。大年树疏剪部分衰弱结果枝，提高开花质量。

3. 病虫害防治 重点防治红蜘蛛、蚜虫、花蕾蛆、疮痂病、炭疽病、溃疡病等。防治蚜虫可选用 24％灭多威水剂 1 000 倍液；

防治红蜘蛛可选用 2％阿维菌素乳油 2 000 倍液；防治疮痂病、炭疽病、溃疡病可选用 70％氢氧化铜可湿性粉剂 1 000 倍液或 80％代森锰锌可湿性粉剂 800 倍液等；防治花蕾蛆在现蕾初期（成虫羽化出土前）可用 40％辛硫磷乳油 600～800 倍液喷施柚园地面，当花蕾露白至 2～3 毫米时（成虫羽化出土后），可用 90％敌百虫原药 800 倍液喷施树冠杀死出土成虫。

（二）3 月精细管理

3 月包括惊蛰和春分两个节气，广东梅州柚处在春梢生长和盛花期。具体管理如下。

1. 肥水管理

（1）幼年树施好壮梢肥　一年生树每株施纯氮 0.25 千克，二年生树每株施纯氮 0.7 千克，三年生树每株施纯氮 1.2 千克或施一次腐熟速效粪水肥；3 月下旬在幼年树行间播种印度豇豆、花生等豆科绿肥。

（2）结果树施肥管理　树盘铺施有机肥或压埋冬季绿肥，每株施 15～30 千克。施好壮花肥，以氮肥为主，重视钾肥和磷肥的施用，每株可用稀释的腐熟豆麸水或沼气液 30～40 千克＋复合肥 1～1.5 千克在树冠滴水线外侧开沟埋施。根外追肥 1～2 次，花蕾期用 0.3％尿素＋0.2％硼砂＋0.3％硫酸锌进行树冠叶面喷施。

（3）水分管理　在春梢抽发期，开花及幼果形成的关键时期，应经常保持土壤湿润。植株进入花期，水分不足影响花器发育，同时不利于根系正常生长，降低吸收能力。如遇春旱应注意适当灌水，若遇阴雨连绵天气，则应及时排水，防止柚园积水。

2. 花期管理

（1）疏花　成年结果旺长树疏去 1/5～1/3 的营养枝，或徒长梢留 4～5 张叶片及时摘心。花量过多树，可在花蕾期疏去部分花序，一条结果母枝上留 1～2 个花序，留下的花序再疏去基部瘦弱及畸形的花蕾。

（2）保花　少花过旺树于盛花初期进行环割或环扎。

（3）**授粉** 沙田柚园放蜂传粉或人工异花授粉。

3. **病虫害防治** 重点防治红蜘蛛、疮痂病、炭疽病、溃疡病、蚜虫、凤蝶、花蕾蛆等。防治方法参考2月病虫害防治方法。其中防治凤蝶幼虫可选用24％灭多威水剂1 000倍液，防治花蕾蛆可选用80％敌敌畏乳油1 000倍液喷施树冠及地表，每隔5～7天喷一次，连喷2次，兼治卷叶蛾、蚜虫、木虱等。

（三）4月精细管理

4月包括清明和谷雨两个节气，广东梅州柚处在春梢老熟和生理落果期。具体管理如下。

1. **施肥管理**

（1）**幼年树施壮梢肥** 春梢自剪时施下，肥料以速效氮肥为主，促发健壮夏梢，以扩大树冠。一年生树每株施纯氮0.25千克，二年生树每株施0.7千克，三年生树每株施1.2千克或施一次腐熟速效粪水肥，新植柚园或未封行前的柚园，在行间播种夏季绿肥。

（2）**结果树施稳果肥** 谢花后每株可用腐熟豆麸水或沼气液30～40千克＋复合肥1～1.5千克在树冠滴水线外侧开沟兑水淋施后覆土。

（3）**追施叶面壮梢、稳果肥** 在春梢转绿后，开花期、幼果期树冠还可以喷施植物生长调节剂和硼、镁、锌等微肥或其他商品叶面肥以达到壮梢和稳果的目的。

2. **水分管理** 春梢生长期及开花期适当供水，有利于养分吸收。当水分充足时，老叶不致早落，延长到新叶能制造养分后才脱落，就能保证花果发育阶段所需的养分供应。这个月由春旱转入雨季，水分管理十分重要。土壤过干、过湿都会影响坐果，也不利于新根生长。山地柚园要做好水土保持工作；平地柚园注意排水。花期降水多，光照不足，易烂花，也易引起幼果脱落。同时注意30℃以上的异常高温，一旦发现温度剧变，应及时采取喷淋水等降温措施，减少落果。

3. 修剪整形

（1）**幼年树**　及时抹除幼年树主干以下的不定芽，疏除过密嫩梢，对徒长性枝条连续摘心，抑制生长，促发分枝，培养结果母枝。

（2）**成年结果树**　青壮年结果树适当疏除树冠中上部外围徒长枝组，改善树冠内光照条件；成年结果沙田柚树，继续进行修剪，疏除过多无叶花枝；对结果少的旺长树，在盛花至末花期进行环割或环扎保果。

4. 病虫害防治

主要防治黑星病、溃疡病、炭疽病、脚腐病、红蜘蛛、介壳虫、天牛、橘实雷瘿蚊等。红蜘蛛、溃疡病、炭疽病防治方法参考2月。防治黑星病在谢花2/3后可用80%代森锰锌可湿性粉剂800倍液等全园喷施，每隔7天喷一次，连续2～3次，预防病菌侵入幼果；在幼蚧期防治介壳虫，即4月下旬至5月上旬，可用99%矿物油乳剂200倍液喷施树冠及树体；防治天牛，人工捕捉天牛成虫，刮除树干上卵及幼虫，用脱脂棉蘸80%敌敌畏乳油塞入虫洞并用湿泥封口；防治橘实雷瘿蚊，4月上旬地面喷洒50%辛硫磷乳油500～600倍液，4月上中旬用90%敌百虫原药800倍液或80%敌敌畏乳油1 000倍液喷施树冠，每隔7天喷一次，连续2～3次；防治脚腐病，用利刀刮除树皮腐烂病部粗皮后，再用43%琥铜·甲霜灵可湿性粉剂50倍液涂抹防治。

二、夏季精细管理

（一）5月精细管理

5月包括立夏和小满两个节气，广东梅州柚处在幼果期和夏梢萌发时期。具体管理如下。

1. 肥水与土壤管理

（1）**幼年树施促梢肥**　施足梢前肥，促发夏梢，以利扩大树冠。一年生树每株施0.3千克复合肥，二年生树每株施0.8千克复合肥，三年生树每株施1.2千克复合肥。新梢生长期喷施叶面肥

1～2次，可使用0.3％进口复合肥液或其他商品叶面肥液。

（2）**结果树的施肥管理**　施足保果肥，以复合肥为主，弱树加施氮肥，在树冠滴水线外围开沟加稀释的腐熟豆麸水或沼气液淋施；喷植物生长调节剂和营养元素保果，谢花后20～30天喷叶面肥0.2％磷酸二氢钾＋镁、锌等微量元素或其他商品叶面肥。

（3）**土壤管理**　中耕除草、松土、覆盖树盘保湿，做好防旱降温工作。

2. **修剪整形与疏果**

（1）**幼年树修剪**　继续壮梢、整形、修剪。新植幼龄柚树于5月20日至6月上旬，再放一次夏梢。对徒长枝梢，过长部分进行摘心，长度控制在20～25厘米为宜。

（2）**结果树修剪**　老弱树进行短截修剪，以利于更新复壮；初结果的沙田柚青、壮年树易大量抽发晚春梢和萌发夏梢易引起幼果脱落，因此当夏梢长2～3厘米时要及时抹除；抹梢时每枝新梢留2～3叶，以减少抹芽次数，对于不抹的新梢，可留4～6叶摘心，促使形成结果母枝。

（3）**疏果**　在第二次生理落果后，疏去畸形果和部分小果，5月下旬基本完成定果，一般叶果比（200～250）：1为宜。具体操作时以疏密留稀、疏畸形留正常、疏小留大，保证留下的果实能充分发育成大果而又不影响当年产量为原则。

3. **病虫害防治**　主要病虫害及防治方法参考4月，掌握介壳虫若虫盛发期喷药，人工捕捉天牛成虫，继续防治橘实雷瘿蚊上果为害，继续防治溃疡病，应注意暴雨或台风雨后及时喷施20％噻菌铜悬浮剂500倍液等防菌制剂防止幼果感染溃疡病。

（二）6月精细管理

6月包括芒种和夏至两个节气，广东梅州柚处在夏梢生长和果实膨大期。具体管理如下。

1. **肥水管理**

（1）**幼年树施肥管理**　施夏梢芽前肥，根据树龄大小每株施尿素 0.2～0.5 千克加稀释的腐熟人畜粪水或腐熟花生麸水树冠滴水线外开沟淋施后覆土。

（2）**结果树施肥管理** 每株可用腐熟人畜粪水或花生麸水 20～30 千克＋复合肥 0.5～1 千克，在树冠滴水线外开沟兑水淋施。结果多可适当增加施肥量，根外追肥。树势弱、叶色淡绿的柚园，要及时进行根外追肥，可喷 0.3％进口复合肥液或其他商品叶面肥。

（3）**水分管理** 当遇干旱时，要及时灌水，并在离树主干 10 厘米以外，用稻草等进行树盘覆盖，厚度在 10～15 厘米，以利于降温和起到增湿、护根、抑制杂草等作用。在高温多雨条件下，应及时排水，并进行中耕除草、松土，保持土壤疏松透气。

2. **修剪整形**

（1）**幼龄未结果树** 可在 6 月上旬前后统一放一次夏梢，放梢前，抹除零星梢，放梢后疏去直立、过强的枝梢。

（2）**幼龄结果树** 在夏梢萌发期间，采用抹芽、摘心等措施控制营养生长，减少幼果脱落，将未抹除的夏梢长度控制在 20～25 厘米，及时摘心或短截。

（3）**青壮年结果树** 继续抹除夏梢。

（4）**老弱树** 进行更新修剪，对植株进行短截中上部外围落花落果枝和衰退枝，疏除无果交叉枝和过密枝，复壮枝梢。

3. **疏果和套袋** 主要疏去病虫果和发育不良的小果。如树势弱，叶色淡绿，应疏去部分好果，以利于恢复树势。琯溪蜜柚、红肉蜜柚等开始套袋，套袋选用柚果专用双层袋，可显著改善柚果着色，减少柚园用药，提高柚果安全性。

4. **病虫害防治** 除参考 5 月的主要病虫害及防治方法以外，还要重点抓好下面几种病虫害的防治。

（1）**锈壁虱的防治** 可选用 10％阿维菌素水分散粒剂 5 000 倍液等。

（2）**黑蚱蝉的防治** 可在夜间举火把并摇动树枝诱捕黑蚱蝉成虫，或在柚树主干基部包一圈 8 厘米宽的塑料薄膜防止老熟若虫上树蜕皮，剪除被害产卵枝条，集中烧毁。

（3）**天牛的防治**　刮除天牛卵块及初钻入树皮的天牛幼虫。

（4）**橘小实蝇的防治**　柚园挂性引诱粘虫黄板或诱蝇球，结合果实套袋防治橘小实蝇。

（5）**溃疡病的防治**　暴雨过后，注意防治溃疡病。

（三）7月精细管理

7月包括小暑和大暑两个节气，广东梅州柚处在秋梢萌发和果实迅速膨大时期。具体管理如下。

1. 肥水管理

（1）**幼年树施促秋梢肥**　在放秋梢前15～20天施好促梢肥。

（2）**结果树施壮果肥**　6月壮果肥未完成，可以在7月继续施壮果肥。

（3）**水分管理**　7月气温高，日照强，大部分柚园容易出现伏旱、秋旱，高温干旱来临前，进行树盘覆盖、保湿，或早、晚喷水降温，保障果实膨大期对水分的需求。对平地柚园应及时做好渠道的疏通工作，降低水位，排涝保根；山地柚园要注意水土保持，防止降水冲刷。

2. 树体管理

（1）**幼年树**　继续抹去主干、主枝以下的不定芽或零星新梢，对徒长枝适当短截。

（2）**成年结果树**　继续抹除夏梢，继续疏去畸形果、病虫果和部分小果。

3. 病虫害防治

（1）**幼年树的病虫害防治**　主要防治潜叶蛾危害新梢，放梢后每隔7天喷24％灭多威水剂1 000倍液等，连喷2～3次，保护晚夏梢。

（2）**结果树的病虫害防治**　主要防治介壳虫、螨类及溃疡病等，防治锈壁虱上果危害，注意捕捉黑炸蝉成虫，剪去产卵枝集中烧毁。

三、秋季精细管理

（一）8 月精细管理

8 月包括立秋和处暑两个节气，广东梅州柚处在果实膨大期。具体管理如下。

1. **肥水管理**

（1）**幼年树施肥** 幼年树放梢前施好芽前肥，当芽长 3～5 厘米时再施一次，每株施复合肥 0.1 千克或稀释的腐熟人畜粪水 20～30 千克。

（2）**结果树继续施壮果肥** 根据树体状况，每株可以继续施入稀释的腐熟人畜粪水或豆麸水 30～40 千克＋硫酸钾 0.25 千克＋复合肥 1 千克；或者多次于树冠叶面喷施 0.3% 进口复合肥液或其他商品叶面肥。

（3）**水分管理** 8 月处于果实迅速膨大期、秋梢抽生期并逐渐老熟，需水量较多，此时，保持土壤湿润，做到雨后松土，出现旱情及时灌水，每隔 5～7 天喷灌一次，以满足果实膨大对水分的需求为原则。

2. **幼年树抹芽放秋梢** 一般在幼年树夏梢停止生长后，先将过早抽发的零星梢抹除，待全园有 80%～90% 的树开始萌芽时统一放梢。

3. **病虫害防治** 病虫害防治工作参照 7 月。放秋梢的树应注意及时防治潜叶蛾，保护新梢嫩叶。注意防治炭疽病、溃疡病、疫霉病等，可用 80% 代森锰锌可湿性粉剂 800 倍液等全园喷施防治。

（二）9 月精细管理

9 月包括白露和秋分两个节气，果实仍处在果实膨大期。具体管理如下。

1. **肥水管理**

（1）**幼年树施肥** 8 月下旬至 9 月上旬根据树龄施复合肥

0.25～1千克＋腐熟水肥1～2次；根外追肥可用0.3％进口复合肥液喷施叶面。及时播种冬季绿肥。

（2）**结果树适时追肥**　对于结果多的弱树每株可施稀释的腐熟人畜粪水或花生麸水50～100千克。结果多的树，特别是老弱树和小老树，施肥量适当增加，并增加追肥次数，以恢复树势。

（3）**水分管理**　在秋旱来临之前对结果树进行灌水抗旱、树盘覆盖、中耕除草、松土，以保持土壤湿润。对准备结果的幼年树要控制水分供应，促进花芽分化。

2. **修剪整形**

（1）**幼年树**　幼年树在9月上旬前还可放一次秋梢，放梢前，要抹除零星早抽秋梢，以及中上部徒长枝。

（2）**结果树**　对结果树树冠中上部外围进行疏除修剪，疏除徒长枝，开大、小"天窗"，改善树冠内膛光照条件。

3. **病虫害防治**　继续防治危害新梢和果实的病虫害。密切注意红蜘蛛、锈壁虱发生情况，及时用药防治。注意防治膏药病，老柚园或潮湿山地柚园易发生此病，可喷洒99％矿物油乳剂200倍液防治。

4. **蜜柚采收**　9月下旬，梅州地区蜜柚开始进入成熟期，可以根据市场需求逐步采收。采收时选择晴天进行，采用"一果两剪"方法，轻拿轻放，减少果实受伤。

（三）10月精细管理

10月包括寒露和霜降两个节气，广东梅州柚处在果实成熟和花芽分化阶段。具体管理如下。

1. **肥水管理**

（1）**幼年树肥水管理**　幼年树可追施一次水肥。

（2）**水分管理**　结果沙田柚树10月要适度控水，灌水过多，易促发晚秋梢，不利于花芽分化，降低果实固形物含量，着色不良。一般在采前15～20天要停止灌水，控制土壤水分，以提高果实品质和耐贮性。对翌年准备留果的初结果树或壮旺树，可晾蔸控水，即在树的株间扒开表土，晒根 10～15 天，使土壤尽量保持干燥。

2. **病虫害防治**　注意降低越冬虫源，彻底剪除黑㖆蝉产卵枝条，并集中烧毁。采收前做好库房的清理、消毒等工作，减少病源、预防贮藏病害发生。一般在果实入库前 20 天左右，用 40％甲醛水溶液 40 倍液喷洒库房四周上下，密闭 24 小时后，通风至无药味时再关闭备用。

3. **定植或补植**　进行秋植，一般气温在 20 ℃左右时定植成活率最高，在定植时用大苗带土移栽效果更好。补植缺株最好也用与原来植株树龄相近的大苗。风口地栽后要随即立支柱防风，以免根部摇动。

四、冬季精细管理

（一）11 月精细管理

11 月包括立冬和小雪两个节气，广东梅州柚处在采果和花芽分化期。具体管理如下。

1. **沙田柚果采收**　在正常年份，11 月为沙田柚果实成熟期，一般在立冬前后（11 月上旬）采收为佳。果皮颜色由绿转黄或橙黄，果肉汁胞变软，风味变浓甜，有香气、糖酸含量达到采收标准时采收。选择晴天、露水干后采果，采摘时应采用"一果两剪"，不要伤及果实表皮，更不能硬拉、扭伤果蒂，采下的果实要轻拿、轻放。采收后要将伤果、落地果、病虫果与好果分开堆放，并在柚园进行初步分级。

2. **肥水与土壤管理**

（1）**幼年树施肥**　施过冬肥参照 2 月幼年树施肥管理。根外追肥、保叶过冬。

（2）**结果树施采后肥**　采收后 10～15 天，每株施速效水肥30～50 千克，以利于保叶过冬。老弱树、大年树适当增加施氮量，小年树则增施磷、钾肥，与深翻压青结合进行，及时根外追肥。结合冬季清园，可喷施 0.2% 磷酸二氢钾或 0.3% 进口复合肥液，以利于恢复树势，保叶过冬。

（3）水分管理　幼龄结果树或结果少旺壮树，控制灌水时间提前，更有利于花芽分化，采用深翻断根或扒土晒根等方法都可起到控制水分的作用。

（4）土壤管理　全园浅松土，树盘培土护根，培土厚度 10 厘米左右为宜。

3. 修剪与冬季清园

（1）修剪　以疏剪为主，剪除树冠中上部徒长枝条，剪除病虫枝、枯枝等；青壮年树、初结果树剪除冬梢。

（2）冬季清园　清除柚园中病枝叶、杂草，全园喷 0.5～1 波美度石硫合剂。

（3）树干涂白　从地面沿树主干至主枝 40～50 厘米处涂白。涂白剂可按石硫合剂∶石灰∶水＝1∶1∶1 的比例配制。

（二）12 月精细管理

12 月包括大雪和冬至两个节气，广东梅州柚处在花芽分化时期。具体管理如下。

1. 施肥管理

（1）幼年树施肥　深翻改土，扩穴施重肥，在树冠滴水线下挖深、宽各 40～50 厘米，长 1～1.2 米的条沟，每株施土杂肥、杂草、厩肥等 30～50 千克，麸饼肥 1～1.5 千克，猪牛栏厩肥 10～25 千克。

（2）结果树施肥　采收后尚未施重肥的柚园，在树冠两侧滴水线下（注意每年变换不同方向）挖深 50 厘米、宽 60 厘米的条沟，施一次重肥，每株施入堆肥 50 千克、杂草 30～50 千克、花生麸 3～5 千克、石灰 0.5 千克、过磷酸钙 0.5～1.0 千克，与表土拌匀分层施入。

2. 修剪清园　注意疏剪幼年树、初结果树、壮旺树的突出树冠外围的强枝或徒长枝。清除园内病虫枝及落叶等集中烧毁，在春芽萌发前，交替使用 0.8～1 波美度石硫合剂或 99％机油乳剂 150～200 倍液全园喷施，消灭越冬害虫。重点防治螨类及介壳虫类，并兼治地衣、苔藓及其他病虫害。检查黄龙病树，及时挖除病株。

3. **防寒** 根据气象部门预报，冻害发生前采取灌水或淋水、树盘覆盖、培土等措施，做好柚树的防冻、防寒工作。

4. **病虫害防治** 剪去介壳虫寄生枝、蚱蝉产卵枝、天牛危害枝、溃疡病、炭疽病等病枝叶，全园喷施 0.8～1 波美度石硫合剂或 99％机油乳剂 150～200 倍液 1～2 次。检查柚园是否有黄龙病树并及时挖除。深翻土壤，消灭越冬花蕾蛆、橘实雷瘿蚊、蜗牛等越冬虫。

（三）1 月精细管理

1 月包括小寒和大寒两个节气，广东梅州柚仍然处于花芽分化期。具体管理如下。

1. **修剪整形与树体管理**

（1）**幼年树修剪** 对幼年树以整形、扩大树冠为主，着重培养树冠骨架，使之早日进入结果期。对直立的或开张角度小的枝条，牵引拉枝，加大枝条角度，扩大树冠，改善光照条件。充分利用空间，缓和生长势，促进花芽分化，提高幼年树或强旺树的坐果率；摘除冬梢，疏剪或短截树冠外围徒长枝。

（2）**结果树修剪** 剪去结果树树冠内的枯枝、病虫枝，疏除过密枝、树冠外围的冬梢和徒长枝；对树冠顶部生长过旺的直立枝，视具体情况回缩开"天窗"，促使树冠由自然圆头形向自然开心形转化；对老弱柚树萌芽前短截部分衰弱枝，更新枝组，促发新梢、壮梢；疏剪部分衰弱结果枝，提高花芽质量。

（3）**树干涂白** 从地面沿树干至主枝 40～50 厘米进行涂白。涂白剂可按石硫合剂：水：石灰＝1：1：1 的比例配制。

2. **土壤管理** 山地柚园深翻扩穴施重肥改土，改良土壤结构，梯壁护草，防止水土流失；平地柚园挖深沟，扩畦，降低水位，培土护根。以上措施可改良土壤结构，有利于排水，可增厚生根层，扩大吸收面积，减少养分渗漏损失。

3. **冬季清园与病虫害防治** 上年 12 月未完成冬季清园，可以在 1 月继续进行。清园方法参照上年 12 月。1 月的病虫害防治重点是螨类及介壳虫类，并兼治地衣、苔藓及其他病虫害。检查黄龙病树，及时挖除病株。

第十章

沙糖橘精细管理

沙糖橘又名十月橘，原产于广东肇庆的四会市黄田镇沙糖坑村。树势中等，树冠半圆头形，枝条细密，无刺，梢直立。春梢叶片大小（7.5～8.2）厘米×（4.3～5.2）厘米，椭圆形，叶缘锯齿稍深，先端渐尖或钝尖，凹口浅而明细，翼叶线性。花较小，雄蕊15～17枚，完全花。果实小，高扁圆形，果形指数0.78，果皮油胞细而突出，分布均匀，橙黄色至橙红色，有光泽，单果大小为（4.5～5.5）厘米×（3.5～4.2）厘米，单果重62～86克，果顶平而微凹，蒂脐端凹陷，果壁薄，易剥离。可食率71%～78%，可溶性固形物含量11.0%～14.0%，每100毫升果汁含酸量0.23%～0.51%，维生素C含量为17.3～26.1毫克，种子0～12粒/果，单一品种大面积种植后基本无核。成熟期为11月下旬至12月下旬，广西北部地区沙糖橘树冠覆膜后采收期可延迟至3月上旬，宜用枳、酸橘作砧木。沙糖橘果实具有肉脆、汁多、化渣、清甜和较耐贮等特点，颇受消费者喜爱，很适合广东、广西柑橘产区种植，特别是近年来树冠覆膜技术在广西北部地区大规模应用，沙糖橘种植面积迅速增加，2018年超过150万亩。

一、春季精细管理

（一）2月精细管理

2月包括立春和雨水两个节气，沙糖橘的物候期是春梢萌发和现蕾时期。具体管理如下。

1. 肥水管理

（1）幼年树施肥管理　遵循"一梢两肥"原则，春芽开始萌动时即春梢萌发前 10 天左右，施促梢肥，以速效氮肥为主。

施肥量：第一年新植树在种植后一个月开始萌芽时即施促芽肥，宜淋施 0.3％左右尿素，淋水量 5 千克/株，以后每次梢的施肥浓度加大，但以一次每株施肥量不超 50 克为宜。第二年促梢肥每株施尿素 50～100 克。第三年促梢肥每株施尿素 100～150 克，同时配合施用腐熟有机肥。

施肥方法：第一、二年施肥以水肥淋施或雨后撒施树盘四周为主，第三年开始则在树冠滴水线开 10～20 厘米深的环沟，施后覆土。

（2）结果树施肥管理　结果树的促花促梢肥在春梢萌发前施下，以氮肥为主，配合磷、钾肥。看树施肥，弱树早施高氮复合肥0.15～0.25 千克/株＋麸粪水肥 10 千克/株；旺树施高钾复合肥0.1～0.15 千克/株。加强根外追肥，特别是钼酸铵、硼砂或硼酸、硫酸镁、磷酸二氢钾等，喷 2 次，以提高花质。

（3）水分管理　适当调节土壤湿度，可左右春季萌芽及开花时间。在降水充足的地区，只要底土不干，不需要灌溉。如遇春旱应灌水，防止因干旱影响春梢的生长和花序的发育。多雨或地下水位高的沙糖橘园要做好排水工作。

2. 修剪整形

（1）幼年树　选择 2～5 个粗壮的梢修剪，以促发春梢。新种幼年树如出现春梢数量少，可按"去零留整"的原则抹芽 1～2 次，以促进春梢整齐健壮。对过旺春梢留 20～30 厘米摘心或短截或酌情疏除部分过密枝。

（2）青壮年结果树　有人工情况下，抽春梢后对生长偏旺的树疏除影响挂果的过多的营养枝或枝组，以保证花果的营养供应。继续对过密果园行间伐或开"天窗"，以改善通风透光状况。

（3）老弱树　有人工情况下，可短截部分衰弱枝，更新枝组，促发新梢、壮梢，降低结果部位，延长结果年限。

3. 病虫害防治　清园工作未完成的继续完成。重点防治蚜虫、木虱、红蜘蛛、粉虱、炭疽病、花蕾蛆、蓟马等。可以用 10％吡虫啉可湿性粉剂 1 000 倍液＋10％苯醚甲环唑水分散粒剂或 45％咪鲜胺水乳剂 1 000 倍或 50％多菌灵可湿性粉剂 600～800 倍液防治蚜虫、木虱、粉虱、炭疽病等。40％辛硫磷乳油 800～1 000 倍液防治花蕾蛆、蓟马等害虫。在开花前及时喷施杀螨剂防治红蜘蛛。

（二）3 月精细管理

3 月包括惊蛰和春分两个节气，沙糖橘的物候期是春梢生长、初花至盛花期。具体管理如下。

1. 肥水管理

（1）幼年树施壮梢肥　幼年树壮梢肥以复合肥为主。新梢自剪时，施壮梢肥，淋施 0.4％左右复合肥，淋水量 5 千克/株，以后每次梢的施肥浓度加大，但以每株施肥量一次不超 50 克为宜。第二年壮梢肥株施复合肥 50～150 克，以水肥淋施或雨后施用在树盘四周为主。第三年壮梢肥株施复合肥 150～250 克，同时配合施用腐熟有机肥，在树冠滴水线开 10～20 厘米深的环沟，施后覆土。在新梢老熟前喷施 0.3％左右磷酸二氢钾肥促进新梢老熟。果园空地播种绿肥，如藿香蓟等良性杂草。

（2）结果树施肥管理　视树势的强弱，施壮花肥，以氮肥为主，重视钾肥和磷肥的施用，单株产量 50 千克果以下的施复合肥 0.5 千克/株左右，50 千克果以上的施 0.75 千克/株，100 千克挂果量的施 1～1.5 千克/株，以此类推，在树冠滴水线外侧开浅沟埋施。

（3）水分管理　久旱灌水，多雨天则注意排除果园积水。

2. 花期管理

（1）花蕾期根外追肥　花蕾期根外追肥 1～2 次，花蕾期叶面喷施高氮高钾肥 800～1 000 倍液、硫酸锌 1 000 倍液和细胞分裂素 1 000～1 500 倍液，促进花蕾的生长；花蕾露白至绿豆大含苞待放时，叶面喷施磷酸二氢钾 800 倍液和硼砂 2 000 倍液；花蕾开至 80％时，喷施芸薹素 2 000 倍液。

（2）**疏春梢**　疏去过多的春梢，让每条基梢保留1～3条春梢，同时对旺长的春梢进行摘心，只留15～20厘米长。

（3）**幼年树除花**　在枝梢上出现花芽时，先带蕾摘掉顶端优势强的花蕾，然后用赤霉素（2 000倍液）＋复硝酸钠（2 000倍液）喷淋植株，几日后幼年树上的花就会脱落。

3. **病虫害防治**　重点防治红蜘蛛、疮痂病、炭疽病、溃疡病、蚜虫、凤蝶、花蕾蛆、灰霉病等。防治方法参考2月病虫害防治方法。其中对于凤蝶幼虫可选择48％毒死蜱乳油1 500倍液、2.5％高效氯氟氰菊酯乳油1 500倍液、35％毒·辛颗粒剂1 500倍液叶面喷施进行防治；对于灰霉病可用异菌脲防治。

应注意的是，来不及清园的果园，春芽初萌动时，不宜使用炔螨特、矿物油、波尔多液、乙蒜素等药物进行清园。施药在开花前，开花期慎用杀虫剂、杀菌剂等农药。

（三）4月精细管理

4月包括清明和谷雨两个节气，沙糖橘此时期春梢老熟、盛花期后小果开始发育，为第一次生理落果期。具体管理如下。

1. **施肥管理**

（1）**幼年树施促夏梢抽发肥**　促夏梢抽发肥于春梢老熟时施下，肥料以速效氮肥为主，促发健壮夏梢，以扩大树冠。肥料施用量及方法参考2月幼年树肥水管理。

（2）**结果树巧施谢花肥**　谢花肥以钾肥为主，适当控制氮肥。谢花后对于花多树弱的果园，施一次谢花肥，速溶复合肥0.15千克/株＋钾肥0.2～0.3千克/株；中旺树或挂果少的果园不施氮肥，否则会加重第二次生理落果。

2. **水分管理**　4月由春旱转入雨季，土壤过干、过湿都会影响坐果，也不利于新根生长。山地沙糖橘园要做好水土保持工作；平地沙糖橘园要注意排水。花期降水多，光照不足，易烂花，也易引起幼果脱落。同时注意30℃以上的异常高温，一旦发现温度剧变，应及时采取喷淋水等降温措施，减少落果。

3. 花果管理

（1）激素保果　谢花 80％时，叶面喷施赤霉素 30～50 毫克/升＋速溶硼肥 1 000 倍液＋0.2％磷酸二氢钾＋钙、镁、锌、硼等微量元素叶面肥。隔 20～30 天，若效果不明显，再进行第二次喷施保果。

（2）保花保果　少花的壮旺树在谢花 1/3 时可环割保花保果。

（3）及时摇花　花期阴雨天气较多，及时摇花，防止沤花、烂花。

4. 修剪整形

（1）幼年树　及时抹除幼年树主干以下的不定芽，对于春芽萌发较多的小树，及时做好疏芽、疏梢工作，修剪过密、过多的枝条，让营养集中供应剩余的枝条，有利于沙糖橘健壮生长。

（2）结果树　结果树也要注意春梢的管理，防止春梢生长势强导致保果难。在春梢 2～3 厘米时，依照"三疏一""五疏二"的方法，及时疏去部分春梢，避免营养浪费。春梢老熟慢，迟迟不转绿，不仅容易感病，还和幼果争夺养分，也会影响坐果率。进入 4 月下旬以后，有些果园会零星萌发夏梢，对于沙糖橘来说，夏梢是果实脱落的最大杀手，必须要做好控梢工作。

5. 病虫害防治
主要防治灰霉病、炭疽病、溃疡病、红蜘蛛、蓟马、蚜虫等。用 11％乙螨唑悬浮剂 3 000～4 000 倍液＋1.8％阿维甲氰乳油 1 000 倍液＋25％戊唑醇水乳剂 1 500 倍液，或者用 1.8％阿维菌素乳油 3 000 倍液＋15％哒螨灵乳油 1 500 倍液＋37％苯醚甲环唑水分散粒剂 2 000 倍液＋20％吡虫啉乳油 1 000 倍液，防治红蜘蛛、蓟马、潜叶蛾、木虱等。新梢抽发期用辛菌胺、噻枯唑、氢氧化铜、农用链霉素、波尔多液等防治溃疡病，浓度和注意事项参照使用说明。

二、夏季精细管理

（一）5 月精细管理

5 月包括立夏和小满两个节气，沙糖橘此时的物候期是第二次生理落果期、幼果发育期和夏梢萌发时期。具体管理如下。

1. 肥水与土壤管理

（1）幼年树施促进夏梢转绿肥 幼年树此时春梢应该已经完全老熟，如果未老熟就要查找原因，看是否肥水不足，及时追肥。5月上旬抽发夏梢，需施足壮夏梢肥，具体用肥量参照3月幼年树壮梢肥的施用。

（2）结果树的施肥管理 施足保果肥，以磷、钾为主，要避免施用高氮肥料，以免促发夏梢，影响保果。即将进入果实膨大期，要提前补充钙元素，以免后期出现大量裂果、日灼果。钙元素在植物体内移动性很差，补钙要趁早，在出现裂果前叶面喷2～3次钙肥。

（3）除草和割草 及时割倒过高的杂草覆盖园地和树盘，清除树盘底下的杂草，特别要注意清除恶性杂草，做好防旱降温工作。

（4）防止积水 夏季多雨，要注意清除排水沟的杂草杂物，避免积水造成果树烂根。

2. 修剪整形与保果

（1）幼年树修剪整形 在5月上旬前后统一放夏梢，放梢前，春梢老熟快的会有零星夏梢先萌发，应注意抹除，等大多数枝条有芽眼再统一放夏梢。可剪除密枝、扫把枝，修剪过长的春梢，保留6～8片叶子（15～25厘米）。对于枝梢直立生长的树，可用绳子把枝条向外拉开，扩大冠幅、避免密挤生长。

（2）控夏梢保果 一是及时人工抹夏梢保果；二是喷多效唑控夏梢保果，在夏梢未形成前使用，喷施25％多效唑悬浮剂300～400倍液＋磷酸二氢钾1 000倍液。使用控梢药时要注意使用方法、使用浓度，或者在少量树上先试用。

（3）环割或环剥保果 在第二次生理落果期或落果之前，选用适宜的环割刀进行环割保果。

3. 病虫害防治
重点防治炭疽病、溃疡病、褐斑病、蚜虫、红蜘蛛、介壳虫、木虱、潜叶蛾、蜗牛等。虫害可用毒死蜱、噻虫嗪、联苯菊酯、吡虫啉、高氯·啶虫脒等杀虫剂；病害可用戊唑醇、噻菌铜、代森锰锌、碱式硫酸铜、百菌清等杀菌剂。应注意暴雨或台风雨后及时喷雾 20％噻菌铜悬浮剂 500 倍液等防菌制剂防止幼果感染溃疡病，切勿随意加大药剂使用浓度，避免在高温烈日下喷药以防出现药害。

（二）6 月精细管理

6 月包括芒种和夏至两个节气，沙糖橘在广西的物候期是夏梢生长和果实膨大期。具体管理如下。

1. 肥水管理

（1）**幼年树施肥管理** 6 月下旬施促梢肥，根据树龄大小每株施尿素或高氮复合肥 0.2～0.5 千克，加稀释 10 倍腐熟人畜粪水或腐熟花生麸水，树冠滴水线外开沟淋施后覆土。

（2）**结果树施肥管理** 以根外施肥为主，每隔 15 天喷施一次磷酸二氢钾和海藻肥等有机肥料。旺树建议不施或少施根肥；弱树和挂果较多的树，6 月底需要施根肥补充营养，以钾肥为主，每株施 0.15～0.4 千克，同时配合补充中微量元素。

（3）**水分管理** 当遇干旱时要及时灌水，并在离树主干 10 厘米以外处用稻草等进行树盘覆盖，厚度在 10～15 厘米，以直到降温、增湿、护根、抑制杂草等作用。6 月南方降水较多，土壤含水量过高，则土壤缺氧，抑制沙糖橘根系呼吸，影响根系生长，会出现沤根造成的黄化、落果等问题；雨季尽量挖深果园排水沟，降低地下水位，雨后及时疏通排水沟，排除果园积水。

2. **修剪整形**

（1）**幼年树** 在新梢老熟后或萌发前用细绳将主枝拉成 50°～60°（松绑后回复 45°），25～30 天后解绳，使树冠开张。及时抹除脚芽和徒长枝；对过长枝梢，保留 8～10 片叶短截。

（2）**结果树** 继续控梢，夏梢抽发较少的果树，可再喷一次多效唑；夏梢抽发较多的果树，可以采取人工控梢、以梢控梢措施。尽量摘掉有果枝条上抽发的夏梢，没有果的枝条上的夏梢可保留。

3. **病虫害防治** 主要防治介壳虫、锈壁虱、黄斑病、沙皮病、炭疽病等病虫害。介壳虫防治可选用毒死蜱、噻嗪酮；锈壁虱防治可选用阿维菌素、三唑锡；黄斑病防治可选用代森锰锌、吡唑醚菌酯；沙皮病防治可选用戊唑醇、苯醚甲环唑；炭疽病防治可选用咪鲜胺、氧化亚铜，浓度和注意事项参照说明书。

（三）7月精细管理

7月包括小暑和大暑两个节气，沙糖橘的物候期是果实膨大期、晚夏梢生长期、放秋梢期。具体管理如下。

1. 肥水管理

（1）幼年树施肥管理 7月中旬放第二次夏梢，7月下旬施促进夏梢转绿的高钾肥。

（2）结果树施肥管理 壮果肥、促秋梢肥，继续控夏梢进行保果。在7月施一次钾肥，每株施0.15~0.4千克。在放秋梢前10~15天施用，一般在7月下旬至8月初施下，即花生麸肥0.5~1千克/株＋速溶复合肥0.25~0.4千克/株＋生物有机肥2~2.5千克/株。秋梢是重要的结果母枝，在立秋前后开始放梢，但壮旺树和结果少的树可推迟到处暑至白露放梢，老树、弱树、结果多的树则可提早到大暑后，立秋前放梢，初挂果树可在9月上旬放秋梢。

（3）水分管理 7月气温高、日照强，大部分橘园容易出现伏旱、秋旱，高温干旱来临前，进行树盘覆盖保湿，或早、晚喷水降温，保障果实膨大期对水分的需求。对平地橘园应及时做好渠道的疏通工作，降低水位，排涝保根，山地橘园要注意水土保持，防止土壤冲刷。

2. 树体管理

（1）幼年树 新梢老熟后，每株选择5~10个粗壮的晚夏梢短截促发秋梢。

（2）结果树 放秋梢前7~10天进行一次促梢修剪，夏剪具有抽发秋梢能力的营养枝和落花落果枝以及挂果过量的部分挂果枝，留6~10厘米枝，剪口粗度0.3~0.5厘米。

3. 病虫害防治 用哒螨灵或苦参碱防治锈壁虱、红蜘蛛。秋梢长2~3厘米时可用吡虫啉或氟虫脲等农药防治蚜虫、潜叶蛾、粉虱、木虱、煤烟病、炭疽病等。秋梢转绿期用代森锰锌或甲霜灵预防沙糖橘果实疫霉病，用药浓度和注意事项参照使用说明。

三、秋季精细管理

（一）8月精细管理

8月包括立秋和处暑两个节气，沙糖橘的物候期是秋梢期、果实膨大期。具体管理如下。

1. 肥水管理

（1）幼年树放梢前施好芽前肥　幼年树芽前肥以速效性高氮复合肥为主，株施复合肥0.1千克。

（2）结果树继续施壮果肥　根据树体状况，在秋梢转绿期淋一次薄肥，即麸粪水或生物有机肥和高钾高钙冲施肥，促使秋梢老熟，或者喷施含钙、磷酸二氢钾或氨基酸的叶面肥。

（3）水分管理　8月处于果实迅速膨大期，秋梢抽生并逐渐老熟，需水量较多，此时应保持土壤湿润，出现旱情及时灌水，每隔5～7天喷灌一次，以满足果实膨大对水分的需求。果园自然生草，清除恶性杂草留下益草，覆盖果园树盘，可自动调节生态环境，提高抗高温和干旱能力。

2. 幼年树抹芽放秋梢　幼年树一般在夏梢停止生长后，先将过早抽发的零星梢抹除，待全园有80%～90%的树开始萌芽时统一放梢。

3. 病虫害防治　防止红蜘蛛、锈壁虱危害嫩梢和果实，可选用11%乙螨唑悬浮剂3 000倍液＋99%矿物油乳剂250倍液＋70%代森锰锌可湿性粉剂700倍液，或者选用1.8%阿维菌素乳油3 000倍液＋99%矿物油乳油200～300倍液。继续防治果实疫霉病。

（二）9月精细管理

9月包括白露和秋分两个节气，沙糖橘的物候期是秋梢转绿老熟期、果实迅速膨大期。具体管理如下。

1. 肥水管理

（1）幼年树的施肥 慎施壮梢肥，忌氮肥过量，应及时促进枝条老熟，以利于花芽分化并促发下一批健壮秋梢。

（2）结果树适时追肥 以钾肥为主，配合氮肥，即麸粪水或生物有机肥和高钾高钙冲施肥，促使秋梢老熟，促进花芽分化。在秋梢转绿期，喷施钙、镁、磷酸二氢钾或氨基酸叶面肥，还可有效预防并减轻日灼果症状。

（3）水分管理 9月为沙糖橘裂果高发期，可适当加入钙肥、有机质类叶面喷施，降低裂果发生率，同时补充水分，防止因干旱影响秋梢生长和果实膨大；若天气反常，多降水，应留意防止果园积水而导致裂果和落果。

2. 修剪整形

（1）放秋梢 幼年橘树在9月上旬前还可放一次秋梢，放梢前要抹除零星早抽秋梢以及中上部徒长枝。

（2）撑果 做好撑果准备工作。

3. 病虫害防治 继续防治危害新梢和果实的病虫害。9月主要病害有炭疽病和褐腐病，可用苯丙甲环唑、代森锰锌等杀菌剂防治；主要虫害有叶螨、蚜虫、粉虱类和蚧类，可分别用杀螨剂和菊酯类药物防治。密切注意红蜘蛛、锈壁虱发生情况，及时用药防治。

（三）10月精细管理

10月包括寒露和霜降两个节气，沙糖橘的物候期是果实迅速膨大期。具体管理如下。

1. 肥水管理

（1）幼年树施肥管理 晚秋梢未老熟的可追施一次高钾水肥，叶面喷施高钾型叶面肥＋海藻酸/黄腐酸＋中微量元素，促进晚秋梢老熟。

（2）结果树施肥管理 施一次薄肥，以麸肥、钾肥为主，可用适量硫酸钾复合肥＋麸粪水。

（3）水分管理 天气转凉可能发生秋旱，土壤水分适中和光合作用积累旺盛有利于果实发育充实和秋梢老熟，管理重点是提高果实品质。要适度控水，灌水过多，不利于花芽分化，降低果实固形物含量，着色不良；干旱缺水果实膨大慢，突然降水易裂果，易出现浮皮果和烂根等问题，土壤的相对含水量以 60%～80% 为宜。幼年树和结果过多的老弱树或由于天气造成卷叶严重的果园，干旱时要注意及时灌水。

2. **旺树促花** 秋梢老熟后采用环扎或用 0 号刀环割和喷一次多效唑＋磷酸二氢钾，促使花芽分化。同时控水和控氮肥以保证花芽分化的正常进行。

3. **做好撑果工作** 相关方法参照沃柑 8 月结果树管理的撑果。

4. **病虫害防治**

（1）**黄龙病树清除** 先喷药后挖除黄龙病树。

（2）**虫害防治** 干旱期注意红蜘蛛防治，人工捕捉天牛成虫。

5. **新建园建设** 可以利用雨水较少的秋冬季节进行新建园建设。

（1）**园地选择** 要求土壤疏松肥沃，土层深 1.5 米以上，地下水位在 1.0 米以下，pH 为 5.5～6.5。平地、水田、台地以及坡度 25°以下的山地和丘陵均可种植。

（2）**园地整理** 一般要求一个种植小区面积为 15 亩以上，小区内要相对平整、作业道要互通，确保农用机械满园跑。平地及 10°以下坡地全园起垄，垄高 0.4～0.6 米，垄面宽 2.0～3.0 米，或者全园深翻，深度应达到 0.6 米，平整地面；10°～15°坡地应筑等高台地，上下台地高差 0.7～1.0 米；15°～25°坡地应筑等高梯田，梯田面宽 3.0 米以上，梯面内倾，外缘设拦水土埂，内缘设排水沟与排水纵沟相连。每个小区内要事先修建蓄水池、药池，按区均匀分布并埋设灌溉管道，抽水加压喷灌或滴灌。平地果园 10 亩左右建 1 个 40 米³ 蓄水池、2 个 1 米³ 药池，坡地果园每 5 亩左右建 1 个 20～30 米³ 蓄水池、2 个 1 米³ 药池。平地果园四周挖深、宽各 1.0 米的排洪沟，果园内设若干条宽 0.3～0.4、深 0.5 米的排水沟，并与排洪沟相连。结合围园建疏透型防护林带，防护林宜选择非芸香科速生常绿乔木树种，平地果园防护林种植在果园周边防护沟外缘。山地果园应"山顶戴帽"，保留部分原有林带或营造防护林带，兼做涵养水源林，保持水土。

（3）挖定植沟（坑） 定植时一般采用挖定植沟（坑）的种植方式。一般定植沟（坑）深 0.6 米、宽 0.6 米即可。每株施腐熟厩肥 10～15 千克，钙镁磷肥 1 千克，麸肥（花生麸、菜籽麸）1～2千克，石灰 0.5 千克。挖好定植沟（坑）后，先将有机肥、石灰与表土混合填入沟（坑）内，填至沟（坑）的 4/5 左右，然后用精肥与心土混合填至高出地面 0.2 米。要求定植前一个月完成。

（4）定植 秋植时一般气温在 20 ℃左右，定植成活率最高。如果 8～9 月能整好地，10 月就可以进行苗木定植。目前采用的种植密度是株距 2.0～3.0 米、行距 3.0～4.0 米。裸根苗种植时，先在定植点挖 0.3 米深定植穴，将苗木垂直种入，使根系自然展开，然后回填细土，再往上轻轻提拉，压实盖上少量细土，苗木嫁接口露出泥土面 0.1 米，以苗木为中心造一个 1.0 米^2 周边略高、中间略低的树盘。营养杯苗种植时，在定植点挖略大于土团的定植穴，去掉塑料袋（杯），将带土团苗木垂直种入，回土至原苗木土团处，轻压苗木土团外四周的覆土，然后再盖上一层细土，并以苗木为中心造一个 1.0 米^2 周边略高中间略低的树盘。种植完毕立即淋足定根水，用草覆盖树盘，植后一周内遇晴天应每天灌水一次，以后每隔 3～5 天灌水一次，直至成活为止。

四、冬季精细管理

（一）11 月精细管理

11 月包括立冬和小雪两个节气。沙糖橘的物候期是果实成熟期、花芽分化期和冬梢发生期。具体管理如下。

1. 肥水管理

（1）幼年树施肥管理 叶面喷施磷酸二氢钾，保叶过冬。

（2）结果树施肥管理 喷一次多效唑＋磷酸二氢钾 400～500

倍，促使花芽分化，同时控氮肥以免影响果实转色和保证花芽分化的正常进行。

（3）**水分管理** 适当控水，抑制冬梢萌发，促进花芽分化，采用深翻断根或扒土晒根等方法都可起到控水作用。

2. **随时做好覆膜防寒准备工作** 在低温霜冻地区，如，柳州以北的区域适宜采用树冠覆膜栽培。于11月底至12月上旬，进行树冠覆膜护果越冬，以增色、增甜，提高沙糖橘果品质量。

（1）**覆膜方式** 根据树龄大小和园地条件可采用双行倒 V 形架式，即在两行中间每隔 5～6 米立一长柱，高出树冠顶部 0.4 米以上，在柱间架一条热镀锌钢管或竹子，将幅宽 7～8 米的农膜覆盖在架上，农膜两侧拉绳或用布条固定，每隔 3～5 米再用压膜条固定；单行倒 V 形架式，即沿行向每隔 5～6 米立一长柱，高出树冠顶部 0.2 米以上，在柱间架（拉）一条竹子或铁丝，将幅宽 4～5 米的农膜盖在架上，两侧拉绳或用布条固定，每隔 3～5 米再用压膜条固定；直接覆膜式，即沿行向直接将膜覆盖在树冠上，两侧用绳子拉紧，固定在竹桩上或另一行的树干上。

（2）**覆膜后管理** 及时修补、固定薄膜。在霜雪冻害来临前，检查膜是否被吹翻、划破、撕裂，并及时修补、固定；降雪后及时抖落积雪，修补破损薄膜。降水后及时疏通行间的排水沟；大风过后，及时修整架式和修补薄膜；在气温高的晴天，揭开直接覆膜的果园的薄膜，其他覆膜方式的果园将行两端的薄膜掀起，待高温天气过后再将膜盖好。

3. **病虫害防治** 覆膜前禁用丙溴磷、三唑磷等农药残效期长的农药，预防农药残留超标可选用以下防治方案。一是 99％矿物油乳油 200～500 倍液＋1.8％阿维菌素乳油 1 500 倍液＋5％吡虫啉乳油 1 000 倍液，防治螨类等各种病虫害；二是用 30％苯醚嘧菌酯可湿性粉剂 1 500～3 000 倍液＋5％吡虫啉乳油 1 000 倍液＋34％螺螨酯乳油或 5％唑螨酯悬浮剂或 11％乙螨唑悬浮剂等 5 000 倍液防治越冬害虫和螨类；三是用 5％联苯菊酯悬浮剂 1 000 倍液＋80％戊唑醇水分散粒剂 1 500 倍液喷杀越冬病虫害。喷后覆膜，降低越冬虫基数。

覆膜期间要经常检查病虫害发生情况，红蜘蛛虫口密度超过 5 头/叶时喷药防治；揭膜后普查和清除柑橘黄龙病树，及时清园和喷杀木虱一次。

4. 继续定植苗木 参照 10 月新建园建设时的定植方法。

（二）12 月精细管理

12 月包括大雪和冬至两个节气。沙糖橘的物候期是果实成熟期、花芽分化期。具体管理如下。

1. 果实采收

（1）采收时间 11 月下旬至 12 月下旬成熟，果皮呈橙黄色即可采收。树冠覆膜留树保鲜的果实可延迟到翌年 3 月上旬采收。

（2）采收 制订采收计划，合理安排劳动力，准备好果剪、果梯、采果袋、包装箱、车辆等。于晴天、露水干后采果，采果时戴上手套，"一果两剪"，不要伤及果实表皮，更不能硬拉、扭伤果蒂，采下的果实要轻拿、轻放。采收后要将伤果、落地果、病虫果与好果分开堆放，并在橘园进行初步分级。

2. 预防冻害

（1）保叶或保果越冬 可选氨基酸等有机液肥叶面喷施。

（2）树干涂白 可从地面沿树干至主枝 40～50 厘米进行涂白。涂白剂可按石硫合剂：水：石灰＝1：1：1 的比例配制。

（三）1 月精细管理

1 月包括小寒和大寒两个节气。沙糖橘的物候期是花芽形态分化期、冬梢萌发期和树体营养积累期。具体管理如下。

1. 继续采果 1 月主要是沙糖橘采果高峰期，丰产树分期采果，及时采完果，提高树体营养积累，恢复树势。

2. 肥水管理

（1）幼年树施肥管理 深翻改土，扩穴施重肥，在树冠滴水线下挖深、宽各 40～50 厘米，长 1～1.2 米的条沟，株施土杂肥、杂草、厩肥等 30～50 千克，花生麸饼肥 1～1.5 千克，猪牛栏肥10～25 千克，石灰 0.5 千克。

（2）结果树施采果肥（基肥）　采果前后，在树冠两侧滴水线下（注意每年变换不同方向）挖条沟，施一次重肥。每株施入畜禽粪 25 千克或生物有机肥 2～2.5 千克，花生麸肥 1.5～2.5 千克，硫酸钾复合肥 0.3～0.5 千克，钙镁磷肥或过磷酸钙 0.5～1 千克，石灰 0.5 千克，施后拌匀覆土。老弱树和结果多的树，冬肥最好能相对重施。采果前后可先喷施磷、钾、芸薹素等叶面肥恢复树势，促进花芽分化。

（3）水分管理　结果树控制水分，促进花芽分化。

3. **冬季修剪**　一般在采果后至春芽萌发前修剪，可根据具体情况安排修剪时间。幼年树进行剪顶和剪除干枯枝、病虫枝。结果树进行间伐密闭株或疏剪、回缩密闭枝，并剪除干枯枝、病虫枝和疏剪丛生枝，保持通风透光，过密果园需间伐移栽。彻底砍除黄龙病树。

4. **冬季清园与病虫害防治**　在冬剪后，全园要喷药一次。清园方法喷施 99％矿物油乳油 200～300 倍液，加 1.8％阿维菌素乳油 1 500～2 000 倍液或 73％炔螨特乳油 1 500～2 000 倍液，再加 15％乙蒜素可湿性粉剂或 25％咪鲜胺乳油或 20％苯醚甲环唑水分散粒剂 1 500～2 000 倍液，防治红蜘蛛、介壳虫、苔藓、地衣、煤烟病等。

1 月未完成冬季清园，可以在 2 月继续进行。

5. **定植**　新建园利用回暖天气定植，做好防寒和淋水工作。

第十一章
金柑精细管理

金柑，别名金橘，常绿灌木，树高2～5米，枝有刺。小叶卵状椭圆形或长圆状披针形，长4～8厘米，宽1.5～3.5厘米，顶端钝或短尖，基部宽楔形；叶柄长6～10毫米，翼叶小、不明显。花单朵或2～3朵簇生，花萼裂片5片或4片；花瓣长6～8毫米，花丝不同程度合生成数束，间有个别离生，子房圆球形，4～6室，花柱约与子房等长。果圆球形，横径1.5～2.5厘米，果皮橙黄色至橙红色，厚1.5～2毫米，味甜，油胞平坦或稍凸起，果肉酸或略甜；种子2～5粒，子叶及胚均为绿色，单胚。花期6～9月，果期11月至翌年3月。

阳朔金柑一年可以抽多次新梢，一般在3月下旬至4月上旬抽发春梢，时间为25～28天。纬度越高，抽梢时间越迟。在人工栽培情况下，一年开花三次，第一次在6～7月，最后一次在8～9月。在我国广西的阳朔、融安，江西遂川，湖南浏阳，浙江宁波，福建尤溪等地有金柑集中种植产区，其中金柑是阳朔的支柱产业，2018年阳朔金柑种植面积13.97万亩，产量23.93万吨，在长期的栽培过程中，摸索出一整套金柑高产栽培的管理月历，具体栽培技术如下。

一、春季精细管理

（一）2月精细管理

2月包括立春和雨水两个节气，阳朔金柑处在果实成熟期。具体管理如下。

1. **水分管理**　金柑对水分的要求较为宽松，年降水量在 1 000 毫米以上且分布稍均匀即可满足生长发育要求。根据叶片缺水情况及时灌溉，防止叶片萎蔫、卷曲、干枯；及时排除积水，以防积水引发烂根，诱发流胶病、脚腐病等，影响春梢抽发，引起树势衰弱。有条件的果园最好采用滴灌、微喷灌、地下渗灌等节水灌溉方式。

2. **采果及修剪整形**

（1）**采果**　完全成熟后开始采收。分级分批、先成熟先采收。采果时带上棉纱手套，"一果两剪"，轻剪轻放，避免机械损伤。

（2）**结果树修剪整形**　采完果后及时进行修剪整形，对结果树短截上年结果枝、落花落果枝、衰弱枝组、徒长枝等，剪除病虫枝、干枯枝、弱枝、过多丛生枝等，如树体过密，则从基部锯除中上部直立的 1～2 个大枝。

（3）**衰老期果树修剪整形**　进入衰老期的果树，越冬后春梢萌动前对衰老树副主枝及大侧枝进行回缩更新。将树冠分成 3～4 份，每年更新 1 份，3～4 年完成。剪口平整并包扎塑料膜，暴晒的骨干枝涂白。

3. **采果前后的树冠覆盖物处理**　果实全部采收后，及时将树冠上的覆盖物——薄膜拆下卷好做好标记，放入室内或者用黑色薄膜包好放在对应行下，留待翌年继续使用。果实未采完还在盖膜的果树要注意及时修补好破裂膜，霜雪冻害来临前，加固搭架和膜，降雪时要及时抖落积雪。遇高温天气，对直接覆膜的果园需将薄膜全部揭开，搭架式覆膜的果园将每个搭架两端的薄膜掀起，待高温天气过后将膜盖好。

4. **病虫害防治**　重点防治红蜘蛛、蚜虫、木虱和煤烟病等病虫害，可结合清园进行防控。防治蚜虫和木虱可选用 10% 吡虫啉可湿性粉剂 2 500～3 000 倍液；防治红蜘蛛可选用 15% 哒螨灵乳油 1 000～1 500 倍液；防治煤烟病可选用 10% 吡虫啉可湿性粉剂 2 500～3 000 倍液加 50% 多菌灵可湿性粉剂 800 倍液；已采完果的果园用45%石硫合剂晶体200倍液或95%机油乳剂200～300倍液加73%炔螨特乳油1 500～2 000倍液清园，同时清除病枝、病叶、病果，集中烧毁。

5. **新建园苗木定植** 2月也是果园开始定植的最佳时间，建议在阴天或晴天采用容器大苗定植，具体操作为：在种植点挖略大于容器的种植穴，去掉容器外袋，将带土团苗木垂直种入，回土至原苗木土团处，轻压苗木土团外四周的覆土，然后再盖上一层细土，并以苗木为中心造一个1.0米²周边略高中间略低的树盘，嫁接口露出土面。种植完毕立即淋足定根水，用草覆盖树盘。嫁接苗25～30厘米、实生苗30～50厘米定干，留2～3个主枝。种植后一周内遇晴天应每天浇水一次，以后每隔3～5天浇水一次，直至成活为止。

另外，新种植果园和幼年树果园一定要做好道路及排水沟渠的疏通，防止水土流失和积水。

（二）3月精细管理

3月包括惊蛰和春分两个节气，阳朔金柑处在春梢萌芽期。具体管理如下。

1. **肥水管理**

（1）**幼年树施梢前肥** 根据不同树龄，施梢前肥：春梢抽发前10～15天，在树冠滴水线下挖深15～20厘米的条状或环状浅沟，施速效性肥，每株幼年树施尿素0.05～0.2千克＋复合肥0.1～0.2千克。

（2）**结果树施梢前肥** 金柑以当年春梢为主要结果母枝，当年春梢老熟后立即开始花芽分化，当年开花结果，春梢占总结果母枝的90%以上，所以春梢的梢前肥尤为重要。春梢梢前肥施用方法：在树冠滴水线下挖深15～20厘米的浅沟，淋施腐熟粪水加复合肥等，施后覆土。施肥量要根据树势强弱和结果量多少酌情增减。每株施尿素0.1～0.2千克＋复合肥0.4～0.8千克，以促发春梢，形成更多的结果母枝，提高坐果率。

（3）**水分管理** 在降水充足的地区，只要底土不干，不需要灌溉。若出现春旱，应在萌发前及时灌水、松土、覆盖保湿，如水分不足，会延迟萌芽期。多雨或地下水位高的果园要做好排水工作。

2. **果实采收和修剪管理**

（1）**果实采收** 继续分级分批采收果实。

（2）**修剪管理** 果实采收后及时进行修剪整形，抽发的春梢按照"去弱留强，去密留稀"的原则，抹除过多、过密的弱小嫩梢，其他修剪方法参考2月修剪整形方法。

3. **病虫害防治** 主要防治红蜘蛛、蚜虫、木虱、炭疽病等，防治方法参考2月病虫害防治方法。其中防治炭疽病可选用70%甲基硫菌灵可湿性粉剂800倍液或80%代森锰锌可湿性粉剂600倍液。

（三）4月精细管理

4月包括清明和谷雨两个节气，阳朔金柑处在春梢老熟和转绿期。具体管理如下。

1. **肥水管理** 幼年树树冠较小，株间行间树冠覆盖率不高，可播种夏季绿肥作为有机肥的补充来源，也可减少杂草滋生的机会，同时还有固氮、促进土壤熟化的作用，宜种植绿肥种类有花生、黄豆、绿豆、萝卜、印度豇豆等。幼年树结合翻压冬季绿肥进行深耕改土，从种植坑两侧挖环形或条形深沟（深＞40厘米）每株施用腐熟有机肥10～15千克，钙镁磷肥1千克，石灰0.5千克。为了促进春梢老熟，在春梢叶片转绿时叶面喷施1～2次叶面肥，宜选用0.2%尿素、0.3%磷酸二氢钾或其他水溶性叶面肥。

2. **修剪及其他管理**

（1）**修剪管理** 抽发的春梢按照"去弱留强，去密留稀"的原则，每枝留2～3分枝，抹除过多、过密的弱小嫩梢，在幼年树春梢长到20厘米左右时，摘心促进新梢转绿老熟并促发分枝。抹除砧木上或基部萌发的嫩梢。

（2）其他管理 继续做好水土保持工作。

3. **病虫害防治** 继续防治红蜘蛛、蚜虫、木虱、黑星病、炭疽病、脚腐病等，防治方法参考3月病虫害防治方法。其中黑星病可选用40％多菌灵悬浮剂600倍液防治。金柑老树较幼树受脚腐病危害程度重，生长势较强的受害不明显。实生树发病程度较枳砧金柑树重，故可种植枳砧金柑，但种植时注意提高嫁接口高度，并且要注意果园排水。已发病树刮除树皮腐烂病部及病部附近的一些健康组织后，再用25％甲霜灵可湿性粉剂100～200倍液涂抹防治。

二、夏季精细管理

（一）5月精细管理

5月包括立夏和小满两个节气，阳朔金柑处在春梢老熟期、花蕾期和初花期。具体管理如下。

1. **肥水管理** 金柑春梢一般在5月中下旬老熟，生长期为30～35天，为了促进春梢老熟，叶面喷施第二次叶面肥时，宜选用0.2％尿素、0.3％磷酸二氢钾或其他水溶性叶面肥。幼年树施足梢前肥，株施复合肥1～2千克，促发夏梢，以利于扩大树冠。在春梢老熟的5月中下旬，要适当控水控氮，以利于花芽分化。

2. **修剪管理** 幼年树春梢老熟后，要及时抹芽控梢，在5月下旬集中剪顶放夏梢，促其整齐抽发。

摘除一至二年生幼年树的花蕾和花，减少营养消耗，有利于尽快形成树冠。

3. **病虫害防治** 主要防治红蜘蛛、蚧类、天牛、脚腐病、流胶病、花蕾蛆，其中防治天牛通过人工捕捉天牛成虫，刮除树干上卵及幼虫，以及用脱脂棉蘸80％敌敌畏乳油10～50倍液塞入虫洞并用湿泥封口；防治蚧类可选用99％矿物油乳油150倍～200倍液或48％毒死蜱乳油1 000倍液等；防治花蕾蛆可选用48％毒死蜱乳油 2 000 倍液喷施树冠及地表，每隔 5～7 天喷 1 次，连喷 2 次。

（二）6 月精细管理

6 月包括芒种和夏至两个节气，阳朔金柑处在盛花期、谢花期、果实膨大期、夏梢萌芽期。具体管理如下。

1. **肥水管理** 金柑全年多次开花结果，第一次开花一般在 6 月下旬至 7 月上旬，第二次开花在 7 月中下旬，第三次开花在 8 月底至 9 月上中旬，在生产上以第一、第二次花挂果为主，这两批花坐果率高，果实品质好，果形大、着色漂亮。谢花 2/3 时喷 30～40 毫克/升赤霉素＋0.3％磷酸二氢钾＋0.2％尿素一次，第一次生理落果前 3～4 天喷 0.3％磷酸二氢钾＋0.2％尿素一次。

2. **修剪管理** 剪除砧木上萌芽和主干上多余的梢；结果树及时抹除夏梢，以减少养分消耗，防止大量落果；将幼年树的花蕾尽早摘掉，以免消耗养分，影响夏梢生长。

3. **病虫害防治** 主要防治疮痂病、炭疽病、黑星病、红蜘蛛、潜叶蛾、木虱、蚜虫等。其中防治潜叶蛾在夏梢抽发 1 厘米时用 1.8％阿维菌素乳油 3 000～3 500 倍液，每隔 7 天喷一次，连喷 2～3 次。

（三）7 月精细管理

7 月包括小暑和大暑两个节气，阳朔金柑处在夏梢生长期、第二次开花期、果实膨大期。具体管理如下。

1. **肥水管理** 第二次开花谢花 2/3 时喷 30～40 毫克/升赤霉素＋0.3％磷酸二氢钾＋0.2％尿素一次。夏梢叶片展叶到转绿期喷施叶面肥，宜选用 0.2％尿素、0.3％磷酸二氢钾或其他水溶性叶面肥喷施。水分供应要充足，此期宜进行树盘覆盖保湿，或早、晚喷水降温，保障果实膨大期对水分的需求。

2. **修剪管理** 在夏梢老熟后，放秋梢前 10～15 天，将过长的夏梢短剪，促使整齐抽发秋梢。

3. **病虫害防治** 主要防治疮痂病、炭疽病、黑星病、红蜘蛛、潜叶蛾、木虱、蚜虫、矢尖蚧、锈壁虱等。防治锈壁虱可选用 80％ 代森锰锌可湿性粉剂 600～800 倍液或 1.8％阿维菌素乳油 3 000～ 4 000 倍液等，其他病虫害防治方法参照前面月份。

三、秋季精细管理

（一）8 月精细管理

8 月包括立秋和处暑两个节气，阳朔金柑处在第三次开花期、果实膨大期和秋梢萌芽期。具体管理如下。

1. **肥水管理**　为了促进秋梢老熟，秋梢叶片展叶到转绿期叶面喷施 1～2 次叶面肥，宜选用 0.2％尿素、0.3％磷酸二氢钾或其他水溶性叶面肥喷施。在秋梢抽发前 10～15 天施壮果肥和促梢肥，每株施硫酸钾复合肥 0.5～1 千克、腐熟花生麸 2～3 千克，以促进果实膨大和秋梢抽发。继续搞好土壤保水抗旱工作，8～9 月处于果实膨大期、秋梢萌芽期并逐渐老熟，需水量较多，出现旱情及时灌水，每隔 5 天喷灌 1 次，以满足果实膨大、秋梢生长对水分的需求。

2. **修剪管理**　秋梢抽出后，按照"去弱留强，去密留稀"的原则，每枝留 2～3 条秋梢，抹除过多、过密的弱小嫩梢。

3. **病虫害防治**　防治炭疽病、木虱、潜叶蛾、红蜘蛛、锈壁虱、介壳虫、天牛等。防治方法参照前面月份。

（二）9 月精细管理

9 月包括白露和秋分两个节气，果实仍处在果实膨大期、秋梢老熟期。具体管理如下。

1. **肥水管理**　播种冬季绿肥，品种有油菜、黄花苜蓿等，翌年开花结荚后收割压埋到施肥沟中。幼年树秋梢喷施一次叶面肥，宜选用 0.2％尿素、0.3％磷酸二氢钾或其他水溶性叶面肥喷施。继续搞好土壤保水抗旱工作。

2. **修剪管理**　在人工充足情况下，9 月主要的树体修剪管理工作是抹除或剪除晚秋梢。

3. **病虫害防治**　主要防治炭疽病、黑星病、木虱、红蜘蛛、潜叶蛾、凤蝶等。其中凤蝶防治宜在幼虫幼龄期进行，可选用的药剂有4.5%高效氯氰菊酯乳油1 500～3 000倍液。

（三）10月精细管理

10月包括寒露和霜降两个节气，阳朔金柑处在果实膨大期和果实转色期。具体管理如下。

1. **肥水管理**

（1）**幼年树肥水管理**　在10月结合翻压春季绿肥进行深耕改土、施用基肥，在树冠滴水线附近开环形或条形深沟。施用腐熟有机肥10～15千克，钙镁磷肥0.5～1千克，石灰0.5～1千克等，与土拌匀回填并覆土，挖坑位置逐年轮换。

（2）**结果树肥水管理**　在10～12月进行深耕改土、施用基肥，在树冠滴水线附近开环形或条形深沟，施用腐熟有机肥20～30千克，钙镁磷肥1～1.5千克，石灰1～1.5千克等，与土拌匀回填并覆土，挖坑位置逐年轮换。

（3）**播种绿肥**　继续播种冬季绿肥。

2. **修剪及其他管理**　剪去晚秋梢和冬梢；如遇持续降水，要提前覆膜，预防裂果；做好果实采收的准备工作。

3. **病虫害防治**　主要防治黑星病、红蜘蛛、椿象、介壳虫等，防治方法参照前面月份。

四、冬季精细管理

（一）11月精细管理

11月包括立冬和小雪两个节气，阳朔金柑处在果实成熟期。具体管理如下。

1. **覆膜管理**　金柑园树盘和树冠覆膜，可以达到控水、防冻、提质等目的。

（1）树盘下覆膜 成熟前树盘下覆膜可以达到控水提质目的。覆膜前遇旱应灌水，使土壤最大持水量维持在 50％ 以上。无条件灌水的果园，采取树盘覆盖可以抗旱保湿。幼年树、弱树最好在覆膜前进行树盘培土，以做好防寒防冻工作。

（2）树冠覆盖及管理 在立冬前后用厚 0.04～0.08 毫米的塑料薄膜覆盖树冠，可以达到防冻提质目的。搭架材料可用热镀锌钢管、竹子或木头等材料。可采用单行倒 V 形架式、单行倒 U 形架式或直接覆盖。农膜两侧用拉绳或布条固定，每隔 3～5 米再用压膜条固定。霜雪冻害来临前，及时修补好破裂膜、加固搭架和膜；降雪时要及时抖落积雪。遇高温天气，对直接覆膜的果园需要将薄膜全部揭开；对于搭架式覆膜的果园需要将每个搭架两端的薄膜掀起，待高温天气过后将膜盖好。

2. 采果 完全成熟后开始采收。分级分批、先成熟先采收。采果时带上棉纱手套，"一果两剪"，轻剪轻放，避免机械损伤。

3. 病虫害防治 主要防治黑星病、红蜘蛛、介壳虫等，防治方法参考前面月份。覆膜前 3～4 天进行一次杀虫、杀菌防治喷药。药剂选用：1.8％阿维菌素乳油 2 500 倍液＋99％矿物油乳油 250 倍液或 1.8％阿维菌素乳油 2 500 倍液＋11％乙螨唑悬浮剂 4 000 倍液＋20％苯醚甲环唑水乳剂 2 000 倍液等。

（二）12 月精细管理

12 月包括大雪和冬至两个节气，阳朔金柑仍处在果实成熟期。具体管理如下。

1. 肥水管理及果实采摘 继续完成基肥施用工作并继续分级分批采收成熟果实。

2. 病虫害防治 此阶段主要防治红蜘蛛，可选用 95％机油乳剂 400 倍液防治。

（三）1 月精细管理

1 月包括小寒和大寒两个节气，阳朔金柑仍然处于果实成熟期。具体管理如下。

1. **肥水管理及果实采摘** 继续分级分批采收成熟果实；采完果后及时进行修剪整形，修剪整形方法参考 2 月。

2. **病虫害防治** 此阶段主要防治红蜘蛛，防治方法参照 12 月。采果后喷施 20％吡虫啉可湿性粉剂 2 000～3 000 倍液防治木虱后，挖除黄龙病树。果实采完后用 45％晶体石硫合剂 200 倍液或 95％机油乳剂 200～300 倍液加 73％炔螨特乳油 1 500～2 000 倍液清园，同时清除病枝、病叶、病果，集中烧毁。

第十二章

柠檬精细管理

柠檬是柑橘属枸橼类的常绿果树,可能是酸橙和枸橼的自然杂种,起源于印度东部喜马拉雅山麓及我国南部、缅甸等亚热带区域。世界上柠檬生产国有60多个,主要有墨西哥、阿根廷、巴西、西班牙、中国、美国、土耳其、南非等国。近年来,美国因黄龙病、冻害及难防治病害的影响,柠檬产量大幅下降。目前柠檬产量较高的是印度、墨西哥、阿根廷。我国柠檬的原产地已有上千年的柠檬栽培历史,主要分布在四川安岳、云南瑞丽、重庆潼南等地区,种植面积和产量也在逐年增加。截止至2018年底,世界柠檬产量约1000万吨,我国约有45万吨。

柠檬是酸果类柑橘的主要品种,在世界柠檬生产国已选育出200余个新品种(系),目前主要栽培品种有尤力克、费米耐劳、维拉弗兰卡、里斯本、塔西提莱檬、云柠1号等。柠檬树势较强,开张,枝条长而软,具下垂性。叶片大,椭圆形,嫩梢、花蕾均带紫色,四季开花结果。果实呈椭圆形,果顶部有乳头,基部圆,香气浓郁。汁胞细长,披针形,含酸量极高。果汁可溶性固形物含量6%~8.5%;每100毫升果汁维生素C含量40~70毫克;总酸含量5.0%~8.0%;果实出汁率为30%~45%;每100毫升果汁总氨基酸200~260毫克。柠檬全身是宝,果肉富含维生素C、维生素E和柠檬酸,具有杀菌、清洁去垢、美容、明目、提神、润喉等功效。鲜柠檬切片泡水喝可滋润喉咙,还能促进胃中蛋白分解酶的分泌,增加胃肠蠕动,抑制钙结晶从而阻止结石形成。此外,柠檬果皮、果肉和种子中富含橙皮苷、圣草枸橼苷、地奥司明、柠檬苦素等多种功能成分，常吃柠檬还可以防治心血管疾病，能缓解钙离子促使血液凝固，具有预防高血压、高血脂和防癌的功效。

云南是我国柠檬的主产区之一，云南具有独特的自然资源优势，柠檬投产早、产量高、品质优、经济效益高，可以达到四季开花挂果，实现周年生产供应。柠檬标准苗定植，当年可开花挂果，第三年进入丰产期，亩产量可达 2 000 千克以上，种植第五年可达到 4 600 千克，丰产效益高。

一、春季精细管理

（一）2 月精细管理

2 月包括立春和雨水两个节气，云南瑞丽柠檬处于春芽萌动期、花蕾期、春梢抽发期、开花期。具体管理如下。

1. 肥水管理

（1）幼年树施肥　根据不同树龄，春梢萌发后，在树冠滴水线下挖深 15～20 厘米的浅沟，每株施用腐熟粪水 5～10 千克＋尿素 0.1～0.2 千克，或者施用柠檬专用肥（22 - 5 - 8），一般每株施用 0.1～0.2 千克，兑水淋施后覆土。

（2）结果树施促春梢和保花肥　在树冠滴水线下挖深 15～20 厘米的浅沟，淋施腐熟粪水加复合肥等，施后覆土。初进入结果期且长势偏旺的柠檬树在春梢萌发前后必须控制氮肥使用，防止春梢过旺和花枝过长，以利于保花保果。进入成年盛产期以后的柠檬树，枝梢多，花量多，养分消耗更多，因此需要追施促春梢保花肥。促春梢保花肥主要以速效氮肥为主，一般每株 0.03～0.3 千克尿素或 30～50 千克清粪水，同时喷施 0.2% 硼砂或 0.3% 磷酸二氢钾＋0.4% 尿素进行保花，或者施用柠檬专用肥（22 - 5 - 8），一般每株 0.1～0.3 千克。

（3）水分管理　春季柠檬树正处于春梢抽发、开花和幼果发育时期，需要较多水分。保持土壤湿润有利于提高花的质量和当年坐果率，如果遇春旱年份则需适当灌水。以萌芽抽梢时期的土壤湿度保持在田间持水量的 60%～75%、空气相对湿度在 70%～75% 为宜。

2. 修剪整形

(1) 幼年树 对过旺春梢留 20～30 厘米摘心或短截，或酌情疏除部分过密枝。新植幼年树出现春梢数量少的，可按去早留齐的原则，抹 1～2 次芽，促使春梢整齐，同时抹除幼年树主干分枝以下脚芽。

(2) 结果树 由于春梢伸长转绿过程正值花器生长发育和花开、幼果形成期。梢与花、梢与果互相争夺养分十分激烈，故在生产上采取疏去过量无花春梢的措施，一般一个枝梢保留 2～3 个新梢，或对过长春梢留 5～8 片叶及时摘心，以保证花果的营养供应，提高坐果率。对老弱枝更新枝组，促发新梢、壮梢，降低结果部位，延长结果年限。大年树疏剪部分衰弱结果枝，提高开花质量。

3. 病虫害防治 重点防治红蜘蛛、介壳虫、溃疡病、疮痂病、凤蝶等。病虫害防治必须采取综合防控措施，以预防为主，合理配制治疗剂和保护剂以达到治疗和保护的作用。可选用 73% 炔螨特乳油 3 000～4 000 倍液防治红蜘蛛，10% 吡虫啉可湿性粉剂 2 000～3 000 倍液防治凤蝶等害虫，24% 螺螨酯悬浮剂 4 000～5 000 倍液＋50% 多菌灵可湿性粉剂 1 000 倍液或 70% 甲基硫菌灵可湿性粉剂 800～1 000 倍液防治红蜘蛛和疮痂病，防治溃疡病可参照前面章节选用相关铜制剂。

（二）3 月精细管理

3 月包括惊蛰和春分两个节气，云南瑞丽柠檬处于柠檬花期、幼果期、第一次生理落果期。具体管理如下。

1. 肥水管理

(1) 幼年树施好壮梢肥 根据幼年树树龄施 0.23～1.2 千克纯氮或施一次腐熟速效粪水肥；3 月下旬在幼年树行间播种黄豆、花生等豆科绿肥。

（2）**结果树施保果肥**　通过喷施叶面肥保花保果，一般每7～10天喷施一次，可选用增效液化赤霉素＋细胞激动素保果剂保果；也可叶面喷施0.3％尿素＋0.2％磷酸二氢钾＋0.2％硼砂。疏除无花抽生的营养枝条，减少养分的竞争避免落花落果。

2. **合理灌水**　开花和幼果发育时期的土壤湿度保持在田间持水量的60％～75％。

（三）4月精细管理

4月包括清明和谷雨两个节气，云南瑞丽柠檬处于春梢老熟期和第二次生理落果期。具体管理如下。

1. **水分管理**

（1）**幼年树管理**　地膜覆盖能够促进柠檬幼年树体生长、树冠扩大和提高结果量。地膜覆盖取材容易、投资少，节肥、节水，生产效果明显，经济效益大，较不覆膜节肥50％，节水70％以上。柠檬幼年树覆膜前先施足肥料，整细、整平地面，覆膜时将膜拉展，使之紧贴地面。一年生幼年树采用块状覆膜，树盘以树干为中心做成浅盘状，要求外高内低，以利于蓄水，四周开10厘米浅沟，然后将膜从树干穿下并将膜缘铺入沟内用土压实。二至三年生幼年树采用带状覆膜，应将其顺行铺在树下两边，以树根部为基线，双层覆盖，两边薄膜与每一行树基部对齐，两边膜缘搭接口用土压实。

（2）**结果树管理**　合理灌水，保证柠檬树所需水分，土壤含水量在60％左右，空气相对湿度65％～85％最利于柠檬生长。

2. **修剪整形**

（1）**幼年树修剪整形**　及时抹除幼年树主干以下的不定芽，疏除过密嫩梢，对徒长性枝条连续摘心，抑制生长，促发分枝，培养结果母枝。

（2）**结果树修枝保果**　2～3月期间柠檬现蕾、开花、形成幼果、萌发新梢，到4月完成第二次生理落果。这时要疏除新发的并生枝，还有部分不开花的枝条、徒长枝或无叶花枝，降低养分消耗，达到保果的目的。

二、夏季精细管理

（一）5 月精细管理

5 月包括立夏和小满两个节气，云南瑞丽柠檬处于幼果发育膨大期、夏花期、夏梢抽发期。具体管理如下。

1. **肥水管理**　5 月施肥以施速效肥为主，配施有机肥，施肥量占全年量的 35%～45%，适当施钾肥对果实增大作用明显。

（1）**幼年树施促梢肥**　施足梢肥，促发夏梢，以利于扩大树冠。施 0.3～0.8 千克复合肥，二年生树每株施 0.5 千克复合肥，三年生树每株施 0.8 千克复合肥或 0.3～0.8 千克柠檬专用肥（16 - 4 - 15）。

（2）**结果树施膨果肥**　柠檬树的春花生理落果一般在 4 月下旬结束，在定果以后，果实将迅速进入膨大期，对肥水的要求也相应增加，而且即将进入夏梢抽生期。此时需要大量供给养分，以满足柠檬果实膨大的需要。此次施肥以施速效肥为主，配施有机肥。施肥量占全年量的 35%～45%，宜采用高氮、中钾、中磷的配方。十五年生以上的柠檬树，肥量可减少到占全年的 20%～25%。但对于特殊的地区，仍要做特殊的施肥处理。在云南柠檬产区，主要使用柠檬专用肥（16 - 4 - 15），每株施肥量 0.8～1.0 千克。

2. **疏花疏果**　若春花果较多尤其是初结果幼年树，则需要对夏花果进行疏花疏果处理。合理留果量可根据树势决定，一般单株树留果量在 350～450 个，这样的留果量可实现亩产 2 500 千克以上，高的可达到 3 200 千克。

3. **水分管理**　如无雨或少雨，日蒸发量大时，果实增长速度则变慢，要及时灌水。

4. **病虫害防治**　继续防治蓟马、介壳虫、红蜘蛛、黄蜘蛛、潜叶蛾、疮痂病、溃疡病等病虫害。可选用 3% 啶虫脒乳油 1 000

倍液、1.8％阿维菌素乳油 4 000 倍液或 2.5％氯氟氰菊酯乳油 3 000～4 000 倍液防治蓟马等虫害，80％代森锰锌可湿性粉剂 600～800 倍液或 70％甲基硫菌灵可湿性粉剂 800～1 000 倍液等防治疮痂病，需要选择合适杀螨剂和铜制剂防治红蜘蛛、黄蜘蛛和溃疡病。

（二）6 月精细管理

6 月包括芒种和夏至两个节气，云南瑞丽柠檬在夏梢生长和果实膨大期。具体管理如下。

1. 肥水管理

（1）**幼年树施肥管理** 施夏梢芽前肥，根据树龄大小每株施 0.3～0.6 千克复合肥，或使用柠檬专用肥（16-4-15），每株施肥量 0.3～0.6 千克。

（2）**结果树施肥管理** 每株结果树可根据结果多少适当增减施肥量，树势弱、叶色淡绿的柠檬园，要及时进行根外追肥，也可喷叶面肥。

（3）**水分管理** 当遇干旱时，要及时灌水。在高温多雨条件下，应及时排水，并进行中耕除草，松土，保持土壤疏松透气性。

2. 修剪整形

（1）**幼年未结果树** 可在 6 月统一放一次夏梢，放梢前抹除零星梢，放梢后疏去直立、过强的枝梢。

（2）**结果树** 在夏梢萌发期间，采用抹芽、摘心等措施控制营养生长，减少幼果脱落，对老树植株进行短截中上部外围落花落果枝和衰退枝，疏除无果交叉枝和过密枝，复壮枝梢。

3. 疏果和套袋 主要疏去病虫果和发育不良的小果。如树势弱，叶色淡绿，应疏去部分好果，以利于恢复树势。套袋选用柠檬专用双层袋，可显著改善柠檬着色。

（三）7 月精细管理

7 月包括小暑和大暑两个节气，云南瑞丽柠檬处于春果膨大末期，大量夏梢枝条自剪、转绿。具体管理如下。

1. **树体管理** 生产上对成年树体必须采用以果压树的措施，即通过保春花果，增加果实负载量，达到控制树体枝梢旺长的目的。对于幼年树，也尽量控制挂果，一年生的单株柠檬树载果量可控制在 5～12 千克，二年生的单株柠檬树载果量可控制在 15～30 千克，这样可以实现以果压树使果农尽早有收入的栽培模式。

2. **果园地面管理** 此时果园地面自然生草或间作绿肥的草和绿肥长势旺，对于高度超过 60 厘米的草和绿肥，使用割草机进行除草、自然埋压地面，通过自然降解形成有机肥，以改良果园土壤，提高有机质含量。

3. **施采果肥** 根据柠檬树生长情况，以磷、钾为主，进行采果前施肥，每株可施柠檬专用肥（16 - 4 - 15），每株施肥量 0.6～1.0 千克，或施用果农传统使用的一般复合肥，每株施肥量 1.0～1.5 千克。

三、秋季精细管理

（一）8 月精细管理

8 月包括立秋和处暑两个节气，云南瑞丽柠檬处于秋梢发生期、春花果采收期。具体管理如下。

1. **树体管理**

（1）**幼年树管理** 对未结果树通过撑、拉、吊缓和树势，促进花芽分化，提早结果。具体操作为直立向上生长、长势过强或分枝角度太小的主枝，用带（绳）向下拉开，使之与主干延长线成 50°～60°。

（2）**结果树培养秋梢结果母枝** 秋梢是柠檬春花果的主要结果母枝，在 8 月初进行适当短截修剪以整齐放秋梢，当嫩梢长 8～10 厘米时，将徒长嫩梢抹除，秋梢叶片转绿后长到 20～30 厘米时，可以喷一次生长抑制剂（如 500 毫克/升多效唑）或 0.3%～0.5% 的钾盐，以促进秋梢老熟。

2. **采收春花果** 柠檬鲜销果应在果实正常成熟并表现出该品

种固有的品质特征（色泽、香味、风味和口感等）时采收。关于柠檬鲜销果的采收标准，世界各柠檬生产国的执行情况不一。归结起来，大致依据以下三个方面来决定采收期：一是根据果实颜色采收，柠檬果皮颜色可分为深绿色、浅绿色、柠檬黄等；二是要求果实横径≥40毫米，国外大多要求柠檬的横径＞43毫米，但横径＞79毫米的果实列为级外品；三是一般要求柠檬出汁率达到30％以上时即可采收，澳大利亚仅要求达到25％。外销果的采收标准应视进口国对果品成熟度的要求与运输的距离、时间加以确定，其质量必须严格遵循出口标准和中外贸易合同。

采果前应正确估计当前柠檬产量，制定采果计划，合理安排好劳动力，准备好采果剪、采果箱、装果筐等采果工具及运输工具。应在天气晴好、雨露已干时采收柠檬果实，以自上而下、由外至内的顺序进行，采用"一果两剪"技术采收，轻拿轻放、避免机械损伤。

3. 采后及时处理贮藏　在采果的前3天要对贮藏库及库内的果筐进行清洗、消毒。一般采用硫黄粉进行熏蒸或用杀菌剂喷杀。

果实入库前要进行严格选果，剔除受伤、无果蒂、有萼片无果梗、病虫害较重的果，同时进行消毒杀菌处理，以减少贮藏腐烂率（表12-1）。

表12-1　国内外常用杀菌剂种类及使用浓度

杀菌剂	使用浓度	主要防治对象
25％咪鲜胺乳油	500～1 000倍	青霉病、绿霉病、蒂腐病、黑腐病
45％噻菌灵（特克多）悬浮剂	300～450倍	青霉病、绿霉病、蒂腐病、黑腐病
22.2％抑霉唑乳油	1 000～2 000倍	青霉病、绿霉病
50％异菌脲可湿性粉剂	1 000毫克/升	青霉病、绿霉病
邻苯酚、邻苯酚钠等	0.3％～2％	青霉病、绿霉病、褐色蒂腐病

柠檬果实贮藏通常采用通风库、地窖、地下库及机械冷库等进行。冷库贮藏柠檬的最佳温度为4～8℃，空气相对湿度为90％～

95％，二氧化碳含量保持在 1％，氧含量保持在 5％～8％为宜。

4. 病虫害防治 全面喷施防治潜叶蛾保梢，结果树和幼年树防治流胶病、介壳虫、椿象类等害虫。可选用 75％百菌清可湿性粉剂 150 倍液或 70％甲基硫菌灵可湿性粉剂 100 倍液防治流胶病，20％甲氰菊酯乳油 2 500～3 000 倍液防治潜叶蛾、介壳虫、椿象等虫害。

（二）9 月精细管理

9 月包括白露和秋分两个节气，云南瑞丽柠檬处于花芽开始分化期，春花果采摘期。具体管理如下。

1. 施肥管理

（1）幼年树 9 月上旬根据树龄施柠檬专用肥（12 - 12 - 11），每株 0.8～1.5 千克。

（2）结果树 采收果实前后施促梢肥，以有机肥为主，结合施用氮、磷、钾肥等。此次施肥既能起护根防寒的作用，又能促进树势恢复，增加树体各器官的养分积累，对花芽分化的数量和质量影响极大，并且对翌年春梢的抽生和柠檬花朵的质量都有影响。结果量适中的青壮年树，施肥量占全年施肥量的 20％～25％；树龄 15 年以上的柠檬老树，采果前后重施肥，肥量占全年的 40％～45％，并注意根据不同地区的气候和不同品种在 9 月至 10 月中旬施下，施好采果肥，可减少或避免出现大小年结果的现象。也可施用缓效型的肥料，一般在云南柠檬产区采后促梢肥主要选择施用柠檬专用肥（12 - 12 - 11），采果后每株施用 1～2 千克。

2. 树形修剪整形

（1）幼年树 幼龄柠檬树在 9 月可放一次秋梢，抹除零星早抽秋梢，以及中上部徒长枝。

（2）结果树 产区春花果采收基本完成后，加强秋季修剪。修剪顺序一般为：先剪下部，后剪上部，先剪内部，后剪外部，先剪大枝，后剪小枝。要求做到"大枝稀朗朗，小枝闹嚷嚷"，小空大不空，左右不挤，上下不叠，枝叶繁茂，通风透光，增大结果面积。秋剪要求疏除过密枝和回缩部分大枝，主要修剪任务是培养骨干枝，平衡树势，调整从属关系，培养良好的结果母枝。

①初结果柠檬树修剪。在云南德宏傣族景颇族自治州，采用标准无毒柠檬种苗定植，第一年始花挂果，第二年亩产1.2吨，第三年进入盛产期，亩产2.0吨以上，比传统栽培提前2～3年进入盛产期。因此，幼年树和初果树的修剪以整形为主，对骨干枝、延长枝按需要培养树型的标准进行短截。对非骨干枝以轻剪长放为主，并逐渐培养各类结果母枝。随着树龄增大，产量增多，修剪量也要逐年增加。幼年树修剪尽可能地采用拉枝、疏除处理，不提倡扭梢，扭梢造成的伤口较大，导致柠檬产生流胶病。同时，培养和保留较多偏弱或中庸的春秋营养枝，以形成结果母枝，可以加速扩展树冠，增加枝量，提前结果，早丰产。结合整形，培养能够合理利用光能、负担高额产量和获得优良品质果实的树体结构，以保证足够的花量和来年的挂果量。

②盛产柠檬树修剪。盛产柠檬树修剪的主要任务是调节生长与结果的关系，维持健壮的树势，尽量延长盛产期的年限。盛产柠檬树夏季采用抹芽、摘心，冬季采用疏除、回缩相结合，逐年增大修剪量，尽可能保持梢、果生长平衡，防止柠檬大小年结果。对结果枝组采取轮换压缩修剪，春、秋梢抽生较长，未自剪的，留8～10片叶尽早摘心，花期结合抹芽放梢，反复抹去无花蕾的嫩梢。经过疏除调整过密和位置不当的嫩梢，即可使春、秋梢成为来年优质结果母枝以增加挂果量。对顶端较多的直立大枝，可按"强树弱减，中庸树疏直立枝"的原则进行处理，强的疏除，弱的短剪。通过修剪，使柠檬树体处于营养生长和生殖生长的平衡状态，保持一定的丰产树形，从而延长树体的经济寿命。

③密植柠檬树修剪。在柠檬密植树结果的前几年，修剪宜轻，主要是抹除夏梢保果，促发秋梢作为结果母枝，及时短截结果枝组。对三年生以上的柠檬树，要加重缩剪衰弱枝组和大枝，以延缓树冠郁闭。树冠封行交叉处，要压缩非永久树上部的大枝，以保证永久树的扩展，间伐后的果园合理修剪达到稳产。

④衰老柠檬树修剪。此期修剪目的是树体及枝组的更新复壮，

维持一定的产量。根据衰弱程度进行不同程度的更新修剪。修剪时对大枝重回缩，中、小枝适当回缩。

3. 水分管理　一般要在修剪后及时给树灌水，以利于树苗的正常生长。秋季前期柠檬果实迅速膨大、汁胞上水、养分积累及其树体抽生秋梢，需要大量水分，若此时期水分供给不均匀，极易造成果实品质降低。干旱可进行灌溉，灌水时间要根据干旱程度而定，一般灌水 3～6 小时。灌水时必须一次灌透，但又不能过量，甚至积水。适宜的灌水量为在一次灌溉中使柠檬树主要根系分布层的湿度达到土壤持水量 60％～80％。在夏秋连旱时，最好每隔 3～5 天灌溉一次，但在果实采收前 1 周左右应停止灌水。我国云南柠檬生产优势区，在秋季干旱之前，柠檬已销售完毕。但在我国其他柠檬产区，一定要防止秋季干旱，影响柠檬果实品质。

（三）10 月精细管理

10 月包括寒露和霜降两个节气，云南瑞丽柠檬处于花芽分化期。此阶段的重点管理工作是：防旱保树势，保叶；进行土壤改良，增施有机肥等。具体管理如下。

1. 肥水管理

（1）幼年树　未结果树可以追施一次肥。

（2）结果树　结果柠檬树根系最适宜生长的土壤 pH 为 5.5～6.5。土壤过酸过碱都不利于柠檬根的生长。从 10 月开始，可以开始进行土壤改良。酸性土壤，用石灰粉撒施全园，利用雨淋渗入土壤，以中和土壤的酸度。石灰的施用量应根据土壤酸度大小和沙黏性而定（表 12 - 2），一般 9 月至 10 月中旬施入。石灰性紫色土的氢离子浓度调整时，先把硫黄粉撒施在树冠滴水线外侧 40 厘米范围内，并将 10 厘米深的土层进行翻耕，使硫黄粉与这层土壤均匀地混合，使硫黄粉在土壤中转化成硫酸，中和土壤的碱性。一般土壤 pH 为 8 的碱性土，每株柠檬树施用硫黄粉 1～2 千克。

表 12 - 2　改良酸性柠檬果园的石灰施用量（千克）

pH (H₂O)	沙土	沙壤土	壤土	黏壤土	黏土
≤4.9	40	80	133	173	227
5.0~5.4	27	53	80	107	133
5.5~5.9	13	33	40	53	67
6.0~6.4	7	13	20	27	33

为培养柠檬树发达的吸收根群，要深耕和增施农家肥。通过深耕并断根、更新根系，增施农家肥，改良土壤。具体做法是在树冠外围滴水线处向外，挖一两个长 80～100 厘米，宽 30～40 厘米，深 40～50 厘米的穴，以后逐年在不同位置挖同样大小的穴，断去部分根，然后分层填入肥料。由于耕作及暴雨冲刷，使柠檬园土壤流失，常出现露根现象，每年培土一次，使柠檬树保持较厚的生根层。培土一般在 11～12 月进行，使柠檬树体不致因根系裸露而受旱、受冻。

施用农家肥改良土壤时，须采用经过堆沤或在肥池中沤制充分腐熟的农家肥，否则容易伤根。采用干施方法则需与穴沟中的土壤充分混匀，且肥料分布均匀，根系容易吸收利用。动植物残体以及麸饼肥，必须沤制腐熟以后才能施用。柠檬树常用的动植物残体还有绿肥、甘蔗叶、豆科植物的根茎叶、杂草、稻草、麦秸、骨粉以及树枝叶等，这些都是柠檬树进行深翻压绿改良土壤的好材料，可根据穴沟的深度分层施下，每穴（沟）以施用 50 千克的鲜草绿肥等为宜。若同时施用过磷酸钙时，不能与石灰混施。

2. **病虫害防治**　主要防治木虱、潜叶蛾、红蜘蛛、黄蜘蛛、锈壁虱、溃疡病等病虫害。可以采用 20% 甲氰菊酯乳油 2 500～3 000 倍液，99% 矿物油乳油 200 倍液，25% 噻虫嗪水分散粒剂 1 000 倍液或 70% 吡虫啉可湿性粉剂 1 000 倍液等防治木虱等虫害，而红蜘蛛、黄蜘蛛、锈壁虱等螨类可借鉴温州蜜柑促成栽培 3 月螨类防治方法，溃疡病的防治则注意选择合适的铜制剂。

四、冬季精细管理

（一）11 月精细管理

11 月包括立冬和小雪两个节气，云南瑞丽柠檬处于花芽分化期。此阶段主要任务是促花芽分化和规划整理柠檬果园、定植柠檬等。具体管理如下。

1. 施肥管理

（1）**幼年树** 深翻改土，扩穴施重肥，以有机肥为主。幼年树根据树龄大小按株施足畜肥、绿肥 10～30 千克，根据树势配施适量的氮、磷、钾肥，一般采取条状（宽 30 厘米左右、深 40 厘米左右、长 1 米左右）施肥后覆盖。

（2）**结果树** 继续挖穴施肥，以有机肥为主。结果树按株施足畜肥、绿肥 30～50 千克，根据树势配施适量的氮、磷、钾肥，一般采取条状（宽 30 厘米左右、深 40 厘米左右、长 1 米左右）施肥后覆盖。此次施肥量占全年施肥量的 40%～45%。

2. 调控促进花芽分化
采取调控措施，以促进柠檬花芽分化。

（1）**合理控制肥水** 秋冬季适当控制水分的供应，降低土壤含水量，以土壤田间持水量 50% 左右为宜。秋梢转绿老熟后不施或减少施速效氮肥，防止抽梢或减少抽梢，抑制有机营养物质的消耗，从而促进花芽分化。

（2）**断根** 柠檬树体在秋冬季对根系进行断根处理，可起到抑制水分的吸收，促进花芽分化的作用。但受天气和根系生长状态的影响较大，如遇空气湿度大、秋冬季降水较多或主根过于强大而深扎，垂直根过多，水平根不发达等情况，这一处理对促进花芽分化的效果不明显。

（3）**使用促花剂** 在柠檬秋梢老熟后，可喷施多效唑、磷酸二氢钾等。综合考虑柠檬产量及品质，喷施 0.4% 磷酸二氢钾和 0.2% 多效唑的促花调控措施较适合云南干热河谷区；喷施 0.3% 磷酸二氢钾和 0.3% 多效唑的促花调控措施较适合云南湿热区。

3. **新建柠檬果园整地**　利用秋冬农闲季节，可以对新建园进行整地。现代果园建设，不仅气候和土壤环境条件要适宜，而且所选择地形要有利于机械作业。

（1）**做好柠檬园地的规划**　整地之前一定要先做好规划。合理规划是柠檬早结优质丰产高效栽培的重要环节。规划内容包括经营模式、品种、种植小区、道路、排灌系统、防风林和非生产用地等几个方面。规划时要遵循因地制宜、全面规划、合理布局以实现生态效益和经济效益的最大化原则。

种植小区、道路、排灌系统、防风林和非生产用地规划时注意要方便机械作业，如种植小区不能太小，道路和小区作业道等要满足果园机械满园跑的要求，而排灌系统、防风林和非生产用地等不能阻碍果园机械在园区运行。

（2）**整地**　缓坡地、平地建柠檬生产基地比较容易，可采用按行距机械开沟或人工挖种植穴，在改良种植沟或种植穴基础上（有机质＋调 pH 物质＋钙、镁肥），机械或人工回填，并微起龟背垄（最终垄高 20～30 厘米）。丘陵山地建园则需测出等高线并修筑水平梯地，然后同缓坡地或平地，对种植沟或穴进行土壤改良。

（二）12 月精细管理

12 月包括大雪和冬至两个节气，云南瑞丽柠檬处于相对休眠及花芽分化期。此阶段的管理如下。

1. **清园消毒**　注意疏剪突出树冠外围的强枝或徒长枝，消灭冬季病虫害，清理杂草，收集枯枝落叶，集中烧毁，树干刷白。

2. **肥水管理**　对于幼年树可根据树势追施少量肥，对于过于干旱的柠檬园适度灌水。

3. **病虫害防治**　主要防治红蜘蛛、黄蜘蛛等螨类危害，有效药剂可选用 1.8％阿维菌素乳油 4 000 倍液或 73％炔螨特乳油 3 000 倍液。

（三）1 月精细管理

1 月包括小寒和大寒两个节气，云南瑞丽柠檬处于花芽分化末期。柠檬枝梢缓慢生长，本月下旬已有部分柠檬树开始现蕾、开花。此阶段主要管理如下。

1. 合理灌水　合理灌水，以土壤田间持水量 50％左右为宜。若遇严重干旱，需及时灌水保湿。

2. 柠檬定植　定植时需选择无病毒的容器大苗或裸根苗，裸根苗定植前需要对根系进行简单整理，地上部分要进行合适整枝，以减少水分损失。对有强弱差异的柠檬苗木，要进行分级移栽，以确保园相整齐、方便管理。

云南柠檬定植时需合理密植，一般柠檬栽植的株行距为 (1.5～2.5) 米×(4～5) 米，在保证产量基础上以确保行间方便果园机械运行为原则。种植密度过大，进入丰产期后，果园柠檬树体群体及个体的通风透光条件变劣，光合效率下降，果园湿度过大，易导致病虫滋生，树冠易郁闭早衰，农事管理不便。

定植时要扶正苗木，分层填入细土，顺势舒展根群，使根群与土壤紧密接触，并保持自然生长状态。柠檬定植完成后，应在每株柠檬苗周围 40 厘米半径范围内，用碎土筑成比畦面高 3 厘米，周边高 5～6 厘米的圆盘形土兜，以便于淋水和施液肥。最后，浇灌定根水。天气干旱时，定植时要及时剪去嫩梢，减少蒸腾作用及其养分的消耗。

定植时不能将嫁接口埋入土中。柠檬根不能与基肥接触，以免引起烂根死亡。定植后保持土壤湿润，直至新根生长，植株恢复正常。

3. 定植后的肥水管理

(1) 勤施肥、及时摘心　苗木定植成活后，当新芽长至 6～8 片幼叶时摘心，摘心时间越早越好，适当抹除着生位置不合理的幼芽，每次抽梢前，追施尿素 10～20 克/株、腐熟液肥约 2 千克/株。

(2) 控水控肥　当柠檬幼年树冠幅达到 80 厘米时，柠檬树生长旺盛，枝梢抽发次数多，抽生量大，要及时限制幼年树的营养生长，对幼年树进行控水控肥。适当干旱，以树体不落叶为标准，可减少树体对水分和氮素的吸收，提高枝梢芽点的细胞液浓度，促使叶芽转变成花芽。

（3）**覆盖** 利用稻草、蔗叶、杂草及塑料膜等进行树盘覆盖，以增强树体抵御干旱天气和越冬保叶的能力。

4. **结果树修剪管理** 剪去结果树树冠内的枯枝、病虫枝，疏除过密枝、树冠外围的冬梢和徒长枝；对树冠顶部生长过旺的直立枝序，视具体情况进行回缩开"天窗"，促使柠檬树冠由自然圆头形向自然开心形转化；对老弱柠檬树萌芽前短截部分衰弱枝，更新枝组，促发新梢、壮梢；疏剪部分衰弱结果枝，提高花芽质量。

5. **病虫害防治** 主要以红蜘蛛、黄蜘蛛、卷叶蛾、潜叶蛾和流胶病等防治为主，可选用 1.8% 阿维菌素乳油 4 000 倍液和 73% 炔螨特乳油 3 000 倍液防治红蜘蛛、黄蜘蛛，卷叶蛾等虫害和流胶病参照其他章节提及的药剂及方法进行防治。

第十三章

柑橘设施栽培精细管理

柑橘设施栽培，是指在人为控制的环境中进行柑橘种植，促进果实成熟的一项综合性栽培方式，具有改变上市期、提高品质、丰产稳产等作用，可显著提高经济效益。

柑橘设施栽培的类型主要有延后栽培、避雨栽培与促成栽培三种。

一、早熟温州蜜柑设施延后栽培精细管理

柑橘设施延后栽培是将果实挂在树上越冬至翌年采收的一种推迟采摘的栽培方法。在延后期糖度有所提高，品质提高，不易发生浮皮、落果、砂囊粒化和砂囊枯水等生理障碍的品种适用于设施延后栽培，如早熟温州蜜柑类包含宫川、由良，杂柑类包含沃柑、春香橘柚及葡萄柚。设施延后栽培挂果时间长，消耗养分多，部分品种果皮易浮皮，容易出现隔年结果等现象，因此需要一些相应的栽培管理技术。

1～2月春节前采收，连年结果产量为 2 000～2 500 千克/亩的早熟温州蜜柑设施延后栽培周年管理技术如下。

（一）春季精细管理

1. **2月精细管理**　2月浙江临海延后采收温州蜜柑处在花芽分化期，此阶段的主要管理如下。

（1）**防冻、采果和销售** 做好覆盖防冻，完成果实采收工作，精美包装直接销售，不宜贮藏。

（2）**采后肥水管理** 采后及时进行地面灌水，叶面喷施和地面施肥。采后立即喷施含多种中微量元素的有机水溶叶面肥一次，隔15天后喷含锌、硼、镁的微量元素叶面肥一次，同时灌足水。隔天进行地面施肥，树冠滴水线附近每株挖沟（宽×深＝30厘米×40厘米）深施饼肥5千克加三元复合肥0.75千克。

（3）**采后大枝修剪和清园工作** 2月下旬（萌芽前），利用大枝修剪技术回缩过高枝、下垂枝、过密枝、枯枝和病虫枝等，将枝条及时清理出园区销毁。随后用2.5～3波美度松脂合剂8～10倍液、0.5～1波美度石硫合剂或99%机油乳剂100～150倍液防治螨类、蚧类、煤烟病、地衣、苔藓等。

（4）**采后温度管理** 采果施肥后的1个月间，白天应继续全封闭覆盖塑料薄膜和反光地膜，以提高温度和光照度，提高叶片光合作用效力。晚上当气温高于12℃时可打开四周侧膜降低温度，通过增加昼夜温差促进养分积累和花芽分化。

2. **3月精细管理** 3月浙江临海延后采收温州蜜柑处在春梢萌芽期，此阶段的主要管理如下。

（1）**膜管理** 当一周的平均最高温度超过25℃时，应揭开四周侧膜及顶部天窗，享受阳光雨露，更有利于植株生长管理。

（2）**土壤和水分管理** 行间生草覆盖，树盘下浅耕，改善土壤通透性，干旱时要灌溉补水，保持土壤相对湿度在80%左右。

（3）**施春肥** 3月上旬施春肥，株产40～50千克的树，施复合肥（15-15-15，下同）0.25千克，加钙镁磷肥1千克、硫酸钾肥0.15千克，拌匀后施入。

（4）**继续做好清园工作** 若未完成清园工作，3月在萌芽之前继续进行大枝修剪和药剂清园。可选用0.5%～0.8%石灰等量式或倍量式波尔多液、99%机油乳剂150～200倍液或松脂合剂8～10倍液进行清园。如果红蜘蛛基数高还可用73%的炔螨特乳油1 500～2 000倍液喷施。

3. **4月精细管理** 4月浙江临海延后采收温州蜜柑处在春梢抽发期、花蕾期和开花期，此阶段的主要管理如下。

（1）膜管理 雨水特别多时关闭顶膜天窗避雨，雨水少时及时揭去顶膜，防止棚内温度超过30℃。

（2）水分管理 开花前应浇一次水，花期不灌水，但是切忌土壤干燥，一般需要保持土壤相对湿度在70％左右。

（3）花果管理 弱势树叶面喷含多种中微量元素的有机水溶肥1次以保花，多花树则剪去部分花枝。

（4）病虫害防治 加强橘园病虫害监测与防治。蚜虫发生和谢花期较早的橘园，喷10％吡虫啉乳液2 000倍液或3％啶虫脒乳油1 500～2 000倍液防治蚜虫，并兼治叶甲和蓟马；喷80％代森锰锌可湿性粉剂600～800倍液或75％百菌清可湿性粉剂800倍液防治疮痂病、黑点病及炭疽病，隔10～15天换用药物防治一次；花蕾蛆严重的橘园，花蕾露白时可用3％辛硫磷颗粒剂拌细土撒施地面，4月上中旬树冠和地面喷洒80％灭蝇胺水分散粒剂4 000倍液。

（二）夏季精细管理

1. **5月精细管理** 5月浙江临海延后采收温州蜜柑处在开花期和生理落果期，此阶段的主要管理如下。

（1）膜管理 揭去顶膜，梅雨季节注意排水防涝，干旱时灌溉补水，土壤相对湿度保持在80％左右。

（2）花果管理 多花树剪去部分花枝。盛花期喷含锌、硼、镁的中微量元素叶面肥一次以壮花、保果，防止黄叶。山地酸性红黄壤叶面喷施硼肥（0.2％硼酸）一次，旺长树可采用环割、疏春梢保果。花期阴雨天要覆膜避雨。

（3）病虫害防治 继续加强疮痂病、黑点病、炭疽病等病害的监测和防治工作，药剂参照4月；5月中下旬继续防治红蜘蛛，当3～4头/叶时，立即喷施1.8％阿维菌素乳油3 000～4 000倍液或50％～73％的炔螨特乳油2 000～3 000倍液；5月下旬用22％氟啶虫胺腈悬浮剂 4 500～6 000 倍液，或者 40.7％毒死蜱乳油 1 500 倍液与 70％代森锰锌可湿性粉剂 600～800 倍液，加 99％机油乳剂 300 倍液，防治介壳虫、粉虱、兼治疮痂病、黑点病等。

2. **6 月精细管理**　6 月浙江临海延后采收温州蜜柑处在生理落果期和夏梢抽发期，此阶段的主要管理如下。

（1）**水分管理**　梅雨季节应排水防涝、地面生草或覆盖，干旱期通过灌溉保持土壤相对湿度稳定在 80％左右。

（2）**施肥管理**　叶面喷含中微量元素的叶面有机水溶肥等保果、壮果营养液一次。

（3）**病虫害防治**　6 月上中旬继续防治柑橘红蜘蛛和介壳虫，药剂参照 5 月病虫害防治，需轮换使用。如果连续低温阴雨，喷施 70％甲基硫菌灵可湿性粉剂 600 倍液、80％代森锰锌可湿性粉剂 600～800 倍液或 75％百菌清可湿性粉剂 800 倍液，继续做好黑点病、黄斑病等的防治工作，药剂需轮换使用。

3. **7 月精细管理**　7 月浙江临海延后采收温州蜜柑处在果实生长发育期，此阶段的主要管理如下。

（1）**环境抗逆管理**　当最高气温高于 35 ℃时，用 10～15 毫米孔径的网覆盖，以降低温度防止日灼果产生，兼防鸟和夜蛾。及时灌水抗旱，保持土壤相对湿度稳定在 70％左右，防止大量裂果，同时做好防涝、防风工作。

（2）**施肥管理**　7 月上中旬视树势情况，根外追施小暑肥。叶面喷含中微量元素的叶面有机水溶肥等壮果营养液 1～2 次，尽量用叶面肥代替壮果肥，上旬和下旬各喷水溶叶面钙肥（0.3％硝酸钙或磷酸氢钙）1 次，减轻果实裂果和浮皮现象。

（3）**疏果**　疏果按叶果比进行，留果量略多于露地，早熟温州蜜柑按（15～20）∶1 的叶果比疏除病虫果、畸形果、裂果、朝天果、特大果和特小果，最终留果量按产量 2 000～2 500 千克/亩来确定。

（4）**树体管理**　对部分不结果的树进行重修剪，通过短截促使 8 月抽生大量的优质枝梢。

（5）**防治锈壁虱**　可选用 25％三唑锡可湿性粉剂 1 500～2 000

倍液、99%矿物油乳油 200 倍液、1.8%阿维菌素乳油 2 000 倍液或 80%代森锰锌可湿性粉剂 600 倍液等。7～11 月在 10 倍放大镜下观察叶片或果实，视野中虫数为 3 头时，可选用上述药剂防治，注意轮换使用。6 月以后忌用铜制剂，保护和利用汤普森多毛菌、食螨瓢虫、捕食螨、食螨蓟马和草蛉等天敌。

（三）秋季精细管理

1. 8 月精细管理　8 月浙江临海延后采收温州蜜柑处在秋梢发生期和果实膨大后期，此阶段的主要管理如下。

（1）施肥管理　8 月果实膨大后期可通过叶面施肥改善果实品质，8 月上旬和下旬叶面喷施 0.2%～0.3%磷酸二氢钾或 20%草木灰浸出液各一次。

（2）病虫害防治　加强病虫害监测防治，防治潜叶蛾、叶甲，兼治黑点病，8 月上中旬喷施 10%吡虫啉乳液 2 000 倍液、3%啶虫脒乳油 1 500～2 000 倍液或 1.8%阿维菌素乳油 2 000～3 000 倍液，加入 80%代森锰锌可湿性粉剂 600～800 倍液或 75%百菌清可湿性粉剂 800 倍液。如果介壳虫、粉虱较严重，可用 25%喹硫磷乳液 800 倍液加 25%噻嗪酮可湿性粉剂 1 000 倍液或机油乳剂 400 倍液防治。

（3）疏果及抗逆管理　继续做好疏果、遮阳覆盖（最高气温 35 ℃以下时，及时除去遮阳网）、灌水抗旱、防涝、防风工作。

2. 9 月精细管理　9 月浙江临海延后采收温州蜜柑处在果实成熟期，此阶段的主要管理如下。

（1）病虫害防治　继续加强病虫害监控和防治。防治黑点病、炭疽病、红蜘蛛、锈壁虱、介壳虫、粉虱和潜叶蛾时药剂使用可参照 8 月防治方法。潜叶蛾等危害严重时，可用杀虫灯或诱虫剂诱杀。

（2）疏果及抗逆管理　继续做好疏果、灌水抗旱和防涝、防台风工作。

3. 10 月精细管理　10 月浙江临海延后采收温州蜜柑处在果实

着色和成熟期，此阶段的主要管理如下。

（1）膜管理 当白天最高气温降到 25 ℃以下，夜间气温降到 15 ℃以下，就开始进行顶膜覆盖，侧面使用防虫网。覆膜后尽量控水，土壤特别干旱时适当补水。通过开关天窗，棚内温度保持在 30 ℃以下，相对湿度保持在 80％左右，延迟果实成熟。

（2）病虫害防治 10 月需定期检查红蜘蛛发生情况，参照 5 月药剂及时防治。

（四）冬季精细管理

1. 11 月精细管理 11 月浙江临海延后采收温州蜜柑处在果实成熟和完熟期，此阶段的主要管理如下。

（1）膜管理 当白天最高气温降到 20 ℃以下，夜间气温降到 10 ℃以下，可以开始整天覆盖，但要注意观察，如果上午 10 时气温达到 20 ℃，就要揭侧膜降温，将最高温度控制在 25 ℃以下。棚内尽量控水和保持干燥，土壤特别干旱时适当补水。

（2）病虫害防治 11 月需定期检查红蜘蛛发生情况，参照 5 月药剂及时防治。

2. 12 月精细管理 12 月浙江临海延后采收温州蜜柑处在果实完熟期，此阶段的主要管理如下。

（1）其他管理 做好覆盖防冻以及大棚温湿度和水分管理工作，方法参照 1 月和 11 月。

（2）病虫害防治 定期检查红蜘蛛发生情况，及时防治。

3. 1 月精细管理 1 月浙江临海延后采收温州蜜柑处在果实完熟期和花芽分化期，此阶段的主要管理如下。

（1）果实采收 采果时注意"一果两剪"、轻拿轻放。分三次采收，在着色 90％时，采摘树冠上部和外围的果实 1/5 左右，主要采收畸形果、朝天果、日灼果、密生果，即品质较差的果实。在大棚膜覆盖后，果实完熟后再采收品质中等的果实 1/3 左右。留下树冠中下部果实直径 55～65 毫米的精品果实，延迟至春节前采收、销售。这样既有利于维持树势，又有可能连年丰收。采果后进行分级、包装，品牌销售，避免长期贮藏以减少损耗。

（2）采后施肥 采后立即喷施含多种中微量元素的有机水溶叶面肥一次，隔 15 天后喷含锌、硼、镁的微量元素叶面肥一次，同时灌足水。隔天后进行地面施肥，树冠滴水线附近每株挖沟（宽×深＝30 厘米×40 厘米）深施饼肥 5 千克加三元复合肥 0.75 千克。

（3）病虫害防治 重点防治柑橘红蜘蛛。此时可将药剂与营养液混合在一起喷施。完熟采果期喷施注意药剂安全间隔期。

（4）其他管理 继续做好覆盖防冻工作。

二、红美人设施避雨栽培精细管理

避雨栽培是将薄膜覆盖在树冠顶部以躲避雨水的一种方法，避雨栽培可以控制土壤水分起到提高品质、减少裂果、减轻病害、提高品种适应性及调整采收期的作用。避雨栽培可在一定程度上提高柑橘坐果率、改善果实品质、延迟果品上市期，进而增加果农收入。由于避雨栽培设施改变了小环境的光照、温度、湿度和风速，会对果实生长产生一定的影响，应根据柑橘的物候期及生长习性、不同生长期所需光照、温度、湿度进行综合管理，促进果实品质的提高。

11 月至翌年 1 月采收，连年结果产量为 2 000～2 500 千克/亩的红美人杂柑设施避雨栽培周年管理技术如下。

（一）春季精细管理

1. 2 月精细管理 2 月浙江象山等地避雨栽培的红美人处在花芽分化期，此阶段的主要管理如下。

（1）施肥管理 采后进行叶面喷施和地面施肥。一方面通过顶膜覆盖避雨，另一方面控水（不灌溉），以促进果实糖度的提高和酸度的下降。采后立即喷施含多种中微量元素的有机水溶叶面肥一次，隔 15 天后喷含锌、硼、镁的微量元素叶面肥一次，同时灌足水。随后施采后肥，每株挖施复合肥 1 千克、尿素 0.25 千克、有机饼肥 5 千克。

(2) 采后清园 整个大棚果实采收完后，立即对树体进行修剪，及时剪除病虫枝、摘除病果，并清理沟渠，清扫落叶落果。然后全园喷药消毒。可全园喷施 2.5～3 波美度松脂合剂 8～10 倍液、0.5～1 波美度石硫合剂或 99％机油乳剂 100～150 倍液防治螨类、蚧类、煤烟病、地衣、苔藓等。可与营养液混合喷施。

(3) 膜管理 采果施肥后 1 个月间，白天要继续全封闭覆盖塑料薄膜，以提高温度和光照度，提高叶片光合作用效力；晚上要打开四周侧膜降低温度，增加昼夜温差，以促进养分积累和花芽分化。

(4) 其他管理 做好覆盖防冻，果实采收工作。

2. **3 月精细管理** 3 月浙江象山等地避雨栽培的红美人处在春梢萌芽期，此阶段的主要管理如下。

(1) 膜管理 当一周的平均最高温度超过 25 ℃时，应揭开四周侧膜及顶部天窗，享受阳光雨露，更有利于植株生长管理。

(2) 施芽前肥 结果树萌芽前开沟每株施腐熟有机肥 10 千克，复合肥 0.5 千克，尿素 0.5 千克。

(3) 水分和土壤管理 此阶段根据墒情合理灌水，确保土壤含水量 75％～85％，切忌干燥；行间生草，树盘下浅翻松土，改善土壤通透性。

(4) 继续做好清园工作 3 月上旬选用 0.5％～0.8％石灰等量式或倍量式波尔多液、99％机油乳剂 150～200 倍液或松脂合剂 8～10 倍液进行清园。如果红蜘蛛基数高还可用 73％炔螨特乳油 1 500～2 000 倍液喷施。

3. **4 月精细管理** 4 月浙江象山等地避雨栽培的红美人处在春梢抽发期和花蕾期，此阶段的主要管理如下。

(1) 膜管理 降水特别多时关闭顶膜天窗避雨，雨水少时及时揭去顶膜。

(2) 花前肥水管理 4 月下旬开花前结果树开浅沟每株施复合肥 0.5 千克；花前 7 天露白期灌一次水，花期不灌水，保持土壤含水量65%～75%。

（3）花果管理 旺树疏除部分营养枝组，弱树疏除部分花蕾枝组。

（4）病虫害防治 做好蚜虫、花蕾蛆、红蜘蛛、黑点病、炭疽病、树脂病等病虫害防治。喷施杀虫剂如10%吡虫啉乳液2 000倍液或3%啶虫脒乳油1 500～2 000倍液防治蚜虫，并兼治叶甲和蓟马；4月上中旬树冠和地面喷洒80%灭蝇胺水分散粒剂4 000倍液，防治花蕾蛆；喷杀菌剂如80%代森锰锌可湿性粉剂600～800倍液或75%百菌清可湿性粉剂800倍液防治黑点病、炭疽病和树脂病，隔20天换用药物防治一次。

（二）夏季精细管理

1. 5月精细管理 5月浙江象山等地的避雨栽培的红美人处在开花期和生理落果期，此阶段的主要管理如下。

（1）膜管理 揭去顶膜和侧膜，梅雨季节注意排水，土壤相对湿度保持在80%左右，空气相对湿度宜在50%～70%，花瓣粘连时，及时摇枝，促使花瓣脱落，预防灰霉病发生。

（2）花果管理 5月上旬剪去多花树上部花枝，根据树势及花果量适当补充含锌、硼、镁的微量元素有机叶面肥一次。

（3）病虫害防治 继续做好疮痂病、黑点病、树脂病、红蜘蛛、蚜虫等病虫害防治，用药方法参照4月病虫害防治；可用25%喹硫磷乳液800倍液加25%噻嗪酮可湿性粉剂1 000倍液或99%机油乳剂400倍液防治介壳虫和粉虱。

2. 6月精细管理 6月浙江象山等地避雨栽培的红美人处在幼果期和夏梢抽发期，此阶段的主要管理如下。

（1）水分管理 梅雨季节四周注意开沟排水，防止涝害。干旱时注意灌水，使土壤相对湿度保持在75%～85%。

（2）果实管理 幼果期叶面喷施0.2%～0.3%磷酸二氢钾等营养液一次。6月中下旬疏除病虫果、发育不良果、日灼果，后疏去小果、内膛过密果及枝梢顶端粗皮大果，盛产树结果量按叶果比

(80～100)：1进行控制，以防树势衰弱，有利于果实膨大及新梢的抽发和新根的发生。衰弱树的叶果比要适度加大。

（3）树体管理 夏梢抽发后待新梢长至3～4厘米时，抹除部分细弱过密的枝条，待枝条现7～10张叶时进行摘心，以促进枝条老熟和下次梢发育。

（4）病虫害防治 6月上中旬继续防治柑橘红蜘蛛和介壳虫，药剂参照前几个月病虫害防治，需轮换使用；遇连续低温阴雨，做好黑点病、炭疽病的防治工作，药剂参照前几个月病虫害防治，需轮换使用；溃疡病可用77％氢氧化铜可湿性粉剂400～600倍液防治。

3. **7月精细管理** 7月浙江象山等地避雨栽培的红美人处在果实膨大期，此阶段的主要管理如下。

（1）水分管理 割草后树盘覆盖、深沟高畦，注意排水，保持土壤持水量80％左右相对稳定。

（2）施壮果肥 7月中下旬施壮果肥，结果树开浅沟每株施复合肥0.5千克，硫酸钾0.5千克。

（3）病虫害防治 继续防治炭疽病、溃疡病等病害，药剂参照前几个月病虫害防治，需轮换使用；潜叶蛾用10％吡虫啉乳液2 000倍液或3％啶虫脒乳油2 000～2 500倍液防治；继续做好红蜘蛛的防治工作。

4. **8月精细管理** 8月浙江象山等地避雨栽培的红美人处在果实膨大期和秋梢发生期，此阶段的主要管理如下。

（1）水分管理 伏旱期间根据田间状况灌水，保持土壤湿度在60％～80％。

（2）树体管理 抹除晚夏梢，放好早秋梢。

（3）病虫害防治 做好溃疡病、炭疽病等病虫害防治，药剂参照前几个月病虫害防治，需轮换使用。可用1.8％阿维菌素乳油4 000～6 000倍液、25％除虫脲可湿性粉剂2 000～4 000倍液或5％氟虫脲乳油667～2 000倍液防治锈壁虱，兼治潜叶蛾与红蜘蛛。

（三）秋季精细管理

1. 9月精细管理　9月浙江象山等地避雨栽培的红美人处在果实膨大期和秋梢老熟期，此阶段的主要管理如下。

（1）肥水管理　对结果多的弱树喷施含中微量元素的有机叶面肥一次，防止树势衰弱，促进来年结果母枝老熟。同时做好防涝抗旱的工作，保持土壤含水量75%～85%，防止裂果、落果。

（2）果树管理　进行二次疏果，疏果后不会促进果实膨大。除疏去小果、病虫果、畸形果、裂果、密弱果外，还要疏去树冠顶部和上部外围的果梗大的、果皮粗的向天果，使果实均匀地分布在树冠内，以提高品质并促进翌年着花数量和质量。

（3）病虫害防治　做好红蜘蛛、粉虱、锈壁虱、炭疽病、黑点病等病虫害防治，药剂参照前几个月病虫害防治，需轮换使用。

2. 10月精细管理　10月浙江象山等地避雨栽培的红美人处在果实转色成熟期，此阶段的主要管理如下。

（1）膜管理　顶膜进行避雨覆盖，侧面使用防虫网。盖膜前若土壤较干燥需浇一次覆膜水，覆膜后尽量控水，土壤特别干旱时浇小水。将棚内温度保持在30℃以下，相对湿度保持在80%左右。

（2）营养管理　根据采收期、挂果量以及秋梢老熟和叶面缺素情况适当补充叶面肥。

（3）病虫害防治　继续做好红蜘蛛、粉虱、锈壁虱、炭疽病等病虫害防治，药剂参照前几个月病虫害防治，需轮换使用。

（四）冬季精细管理

1. 11月精细管理　11月浙江象山等地避雨栽培的红美人处在果实成熟收期，此阶段的主要管理如下。

（1）棚内温度管理　顶膜进行避雨覆盖，通过揭开侧膜和打开顶膜天窗方式使棚内白天温度控制在20～30℃，夜间温度保持在15～18℃。棚内昼夜温差控制在10℃以上，以促进果实着色及糖分积累，提高果品外观及内在品质。

（2）**肥水管理** 参照 2 月肥水管理。

（3）**采果销售** 采果销售总的原则是根据果实成熟度分批分级采收，精美包装，品牌销售，不宜长期贮藏。采摘时建议先采摘树冠上部和外围果实的 1/4 左右，即品质最差的果实，作为等外果低价销售；再采收树冠上部、中部及外围 1/4 左右中等品质的果实；留下树冠中下部精品果实，作为优级果销售。这样即可获得最佳的经济效益，又有利于保持树势。

2. **12 月精细管理** 12 月浙江象山等地避雨栽培的红美人处在果实完熟采收期，此阶段的主要管理如下。

（1）**采果销售** 继续分批采果销售，相关要求参照 11 月。

（2）**肥水管理** 若果实保留到元旦上市则需严格控水，而延迟到春节前上市则仍需适度供水，但忌大水。采后肥水管理参照 2 月肥水管理。

（3）**棚内温度管理** 12 月上中旬初霜来临前侧膜完全关闭覆盖，做好寒风害和低温冻害的防范工作。若遇 0 ℃ 以下低温，采取加温措施提高棚内温度；若上午 10 时气温达到 20 ℃，就要揭侧膜降温，将最高温度控制在 25 ℃ 以下。

（4）**病虫害防治** 定期监控红蜘蛛发生情况，及时防治。

3. **1 月精细管理** 1 月浙江象山等地避雨栽培的红美人处在果实完熟期、花芽分化期，此阶段的主要管理如下。

（1）**肥水管理** 继续做好覆盖防冻及果实采收工作。采后肥水管理参照 2 月肥水管理。

（2）**采后清园** 参照 2 月采后清园。

三、温州蜜柑促成栽培精细管理

加温促成栽培主要是利用连栋温室大棚、热风机等设施，通过加温打破橘树休眠，使其提早进入生长期，并在生长发育过程中进行温、光、水、肥等人工调节控制，使其整个物候期提早的栽培技术。柑橘设施加温促成栽培一般于秋冬加温，冬季开花，夏初即可采收，在 5～7 月可成熟上市，有效延长优质鲜橘果上市的时间。一般选择生育期短，管理容易的特早熟和早熟温州蜜柑。为了提高产量和品质，促成栽培管理相当精细，要配套促进花芽分化、预测加温起始时间、温室花果管理与温湿度调控等技术。

以夏梢作为结果母枝，11 月下旬至 12 月上旬加温，6 月至 7 月上旬采收，连年结果产量为 3 000～5 000 千克/亩的早熟温州蜜柑设施促成栽培周年管理技术如下。

（一）冬季精细管理

1. 11 月精细管理

（1）加温准备 加温开始前应对加温设备、换气扇进行检查和维修。

（2）加温开始 根据经验与实际观察，在预定加温开始日期 3 周前，每隔 3～5 天，取结果母枝，去叶后在 28～30 ℃、相对湿度 90% 左右的条件下培养，判断结果母枝的现蕾率。当现蕾率达到 70%～80% 时，即可进行加温，加温具体时间根据修剪结束后的萌芽状况、转绿的迟早及新梢的长短进行调整。

以自然温度管理为主，加温开始前 1 周进行外膜和内膜的覆盖，到加温开始时的这段时间，应保持低温，覆膜后棚内温度达到 20 ℃ 以上高温时，要注意做好换气降温。

加温开始前要保持适当的干燥状态，加温开始前 1 天，进行充分的灌水，灌水量一般的标准是 20～30 米^3/亩。

（3）病虫害防治 加温前对柑橘红蜘蛛进行彻底防治，药剂可选用 70% 炔螨特乳油 1 500～2 000 倍液。

2. 12 月精细管理
12 月设施促成栽培的温州蜜柑处在初花期至盛花期，此阶段的主要管理如下。

（1）温度控制 加温从夜间开始，首先以 14～15 ℃ 预加温 1～2 晚，然后设定夜温为 20 ℃ 开始正式加温。以每晚上升 2 ℃ 升到 24 ℃ 加温，维持 3～4 晚后再用 5 天时间将夜温逐步降到 15 ℃；昼温从 26 ℃ 开始加温 2 天后上升到 28 ℃，维持 2 天后，用 5 天时间将昼温逐步下降到 21 ℃。加温开始 10 天后，出现萌芽、现蕾。降温后，每 10 天升温 1 ℃，昼夜温差控制在 5 ℃左右。在加温后 30 天的初花期夜温升至 17 ℃，然后每 5 天升高 1 ℃，经 10 天升至 19 ℃维持约 10 天（盛花期）；昼温升至 23 ℃维持约 20 天后进入第一次生理落果期。

（2）肥水管理 加温后到萌芽前每 1～2 天 10 米³/亩进行充分灌水，萌芽前后到盛花前期，每 5～7 天灌水 10～15 米³/亩。盛花开始到盛花结束控制灌水降低湿度，但要防止干燥。

衰弱树和着花过多的树，可以叶面喷施以氮素为主的叶面肥，也可通过疏蕾结合早期疏果，减轻树体负担，增加坐果率。花量少、新梢多的植株，盛花期前要进行抹梢保花。

（3）病虫害防治 盛花期前做好螨类和蚧类的防治。根据当地实际情况选择药剂，注意轮换使用。

3. 1 月精细管理 1 月设施促成栽培的温州蜜柑处在第一次生理落果期，此阶段的主要管理如下。

（1）温度管理 在加温 50 天后会出现谢花和生理落果现象。在花器质量差、开花不一致的温室，按照每 5 天 0.5 ℃升温，将夜温升至 20 ℃，昼温升至 24 ℃，昼夜温差保持在 5 ℃左右。以后每 10 天升温 1 ℃，夜温升至 22 ℃，昼温升至 26 ℃。

（2）水分管理 谢花后适量灌水，每 5～7 天灌水 10～15 米³/亩，保持适当的土壤含水量促进幼果膨大。

（3）病虫害防治 谢花后花瓣不脱落，会诱发灰霉病，可以轻摇枝梢让花瓣脱落，做好对螨类和蓟马的防治。可选用 10%吡虫啉乳液 2 000 倍液、3%啶虫脒乳油 1 500～2 000 倍液防治蓟马，1.8%阿维菌素乳油 2 000～3 000 倍液或 50%～73%炔螨特乳油 2 000～3 000 倍液防治螨类。

（二）春季精细管理

1. 2 月精细管理 2 月设施促成栽培的温州蜜柑处在第二次生理落果期，此阶段的主要管理如下。

（1）**温度管理**　继续以每 10 天 1 ℃的速率升温，花器质量差的，可每 5 天升温 0.5 ℃，但控制生理落果期昼温不应超过 27 ℃。

（2）**水分管理**　参照 1 月水分管理，土壤易干燥的温室，可减少每次的灌水量，缩短灌水间隔，增加灌水次数。

（3）**病虫害防治**　盛花 1 个月后防治蚜虫、粉虱，防止煤烟病的发生。蚜虫分泌蜜露及蜡质物污染叶片和果实会诱发煤烟病的发生，药剂可选用 10％吡虫啉可湿性粉剂 2 000 倍液、25％噻嗪酮悬浮剂 1 000 倍液或 3％啶虫脒可湿性粉剂 1 000 倍液等。

2. **3 月精细管理**　3 月设施促成栽培的温州蜜柑处在果实膨大期，此阶段的主要管理如下。

（1）**温度管理**　果实继续膨大，在加温后 80 天（盛花后 40 天）将夜温升至 23 ℃维持 10 天，然后升至 24 ℃维持 5 天，再升至 25 ℃维持 35 天；昼温升至 27 ℃以后每 5 天升温 1 ℃直至 30 ℃时维持 35 天；挂果少，有大果倾向的温室可相应调低温度，使生育期延迟，疏果延后。

（2）**水分管理**　幼果膨大前期水分管理同 2 月，控水前每 10 天果实横径膨大 5 毫米为宜。在加温后 100 天（盛花后 60 天），开始中期控水，时间为 30 天。结果少、土壤控水差的温室，可在盛花后 50 天开始控水，控水前最后一次的灌水量减半，控水时间为 30～40 天。

（3）**施肥管理**　结合叶面喷水在加温后进行根外追肥 1～2 次，补充根系和树体所需的养分和水分，以吸收能力强的有机叶面肥为主。

（4）**果实和树体管理**　在盛花后 40 天摘除发生灰霉病以及受蚜虫危害发生煤烟病的污染果，疏除过密的内膛下部果，相互接触的果实尽早疏除其一。盛花后 50 天从下垂明显的枝梢开始吊枝处理，随着果实继续膨大再对下垂的枝梢进行吊枝，促进果实膨大，改善光照与着色，防止极小果的发生。果径超过 40 毫米时，进行精细疏果，以小果和伤果为中心。一般疏果的叶果比标准为（15～20）∶1，树冠顶部叶果比可为 10∶1，中部外围及树势强的枝梢上可为 15∶1，下部和内膛枝上可为（20～25）∶1。

（5）**病虫害防治** 3月病虫害防治重点是做好螨类（主要是红蜘蛛）和蚧类的防治。当柑橘红蜘蛛早春（2月下旬至3月中旬）1～2头/叶，3月下旬至花前3～4头/叶，花后至9月5～6头/叶（7～8月一般不治），10～11月2头/叶时，需立即进行防治，药剂选择参照以下介绍。12月上旬前进行冬季清园，在翌年2月下旬进行春季清园。剪除带螨卷叶并烧毁处理，可选用0.8～1波美度石硫合剂、松脂合剂、99%机油乳油60～100倍液或73%炔螨特乳油1500～2000倍液等以减少越冬虫源基数。越冬虫卵孵化盛期，但未危害新梢叶片时进行喷药防治，主要喷施24%螺螨酯悬浮剂4000～5000倍液、110克/升乙螨唑悬浮剂4000～5000倍液或30%乙唑螨腈悬浮剂3000～4000倍液等杀虫卵为主的药剂，针对早春低温可添加1.8%阿维菌素乳油2000～3000倍液或99%机油乳油200～300倍液等速效性药剂。第一次生理落果期可选用1.8%阿维菌素乳油2000～3000倍液、20%丁氟螨酯悬浮剂2000倍液、43%联苯肼酯悬浮剂2500～3000倍液等速效性药剂以及24%螺螨酯悬浮剂4000～5000倍液或110克/升乙螨唑悬浮剂4000～5000倍液等杀虫卵药剂。夏梢萌发期和秋梢出芽前可选择1.8%阿维菌素乳油2000～3000倍液、99%机油乳油200～300倍液、24%螺螨酯悬浮剂4000～5000倍液等药剂喷雾防治病虫害，注意轮换用药。

3. **4月精细管理** 4月设施促成栽培的温州蜜柑处在果实膨大后期，此阶段的主要管理如下。

（1）**温度管理** 4月上中旬结束控水，并开始逐步降温。加温后130天时，夜温降至24 ℃，后每10天降1 ℃，降至22 ℃，然后按每5天降1 ℃降至16 ℃，急剧的降温容易引起果皮粗糙；昼温降至29 ℃，以后按每10天降1 ℃，降至25 ℃。

（2）**水分管理** 中期控水结束后逐步恢复灌水，在加温后130天前后，灌水期为30天。傍晚日落后连续3天进行0.7米³/亩左右的叶面喷水，第4天1.3～2米³/亩，第5～6天3米³/亩，第10天时3.5米³/亩。此后根据温室内土壤干燥情况，每隔7～10天灌水 3.5～7 米³/亩。若一次性给予大量水分会发生裂果。

（3）**果实管理**　恢复灌水后，注意浮皮发生，可以喷布钙剂防止裂果和浮皮，同时进行第三次疏果，以残留的伤果和病害果为主，剪除枯枝及开始枯萎的果梗枝。

（三）夏季精细管理

1. 5 月精细管理　5 月设施促成栽培的温州蜜柑处在增糖转色期，此阶段的主要管理如下。

（1）**温度管理**　除去保温内膜，通过天窗和侧膜的不定时开放、送风机的运转，使温室内通风，将昼温控制在 25 ℃，夜温控制在 16 ℃，通过换气保持棚内相对湿度在 75% 左右。

（2）**水分管理**　加温 170 天（盛花 130 天）左右、采前 40 天，进行采前控水，根据干燥状态进行适量灌水，滴灌 2～3.5 米³/亩。进入梅雨季节，应在大棚外做好排水沟，防止雨水浸入。

（3）**吊枝**　为了促使着色均匀，随着果实的膨大需吊枝，使枝条恢复到果实膨大前的位置。

（4）**病虫害防治**　做好药物防治红蜘蛛与蓟马的同时，彻底清除设施大棚周边杂草，防止蓟马从大棚开口处侵入，也可在棚内每棵树上挂黄板诱杀害虫。

2. 6 月精细管理　6 月设施促成栽培的温州蜜柑处在果实采收期，此阶段的主要管理如下。

（1）**温度管理**　昼温 25 ℃，夜温 16 ℃逐渐过渡到自然温度管理，通过遮阳网、换气扇尽量保持日间棚内温度不超过 30 ℃。夜间气温持续较低的场合，应关闭侧膜。棚内湿度过大会助长浮皮现象发生，可喷施钙剂进行防治。

（2）**水分管理**　采收前进行断水，根据大棚内干燥程度，控水过分的树，尤其注意萎蔫叶片不能恢复的植株，要进行主干灌水。做好梅雨季节防涝的工作，检查排水沟是否通畅，防止雨水浸入棚内。

（3）**吊枝和覆反光地膜**　继续加强吊枝，增进着色。可在树下铺设反光地膜，更有利于促进果实着色。

（4）**杂草清除和病虫害防治** 及时清除大棚内外的杂草，做好红蜘蛛及蓟马的防治工作。

（5）**采果与销售** 采收期应保持土壤干燥，防止雨水流入。采摘期尽可能短，20 天左右完成分批采收，第一次采摘期标准为全园 30％以上果实达到着色 70％。采后果实应分级包装，尽快销售。M 级（6～6.5 厘米）、S 级（5.5～6 厘米）果实可以 6～12 个一盒包装，2S 级（5～5.5 厘米）可以 1 千克或 2.5 千克纸箱包装销售。因夏季温度高，暂时未销售的果实应放入冷库贮藏。

（6）**枝梢管理** 一般采收结束后，要回缩徒长枝和较长下垂的侧枝，进行强修剪使树上发芽一致，以促进抽生良好的结果母枝。

3. **7 月精细管理** 7 月设施促成栽培的温州蜜柑处在果实完熟采收期，此阶段的主要管理如下。

（1）**膜管理** 揭开侧膜和顶膜，开放大棚。以自然温度进行管理，通过遮阳网和换气扇，防止棚内温度过高。梅雨季节降水会引起棚内湿度过大，应注意及时通风换气。

（2）**水分管理** 采收结束前，为了保持果实品质，继续进行控水管理，保持土壤的一定干燥程度，适度进行水分胁迫。由于过分干燥会影响树势和翌年结果，因此应通过仔细观察树体状况，进行少量灌水，滴灌 1～2 米³/亩。采收结束后，选择阴天除去覆盖的薄膜。为了促进树势恢复、萌芽一致，应充分灌水。萌芽开始前每 1～2 天灌水 15～20 米³/亩，萌芽后 7～10 天一次。结合叶面喷水进行根外追肥，以吸收能力强的有机叶面肥为主，补充根系和树体所需的养分和水分。

（3）**修剪** 采收后马上开始修剪，并在尽可能短的时间里完成修剪，以疏剪为主，大枝均匀配置，确保良好的光照效果，修剪量控制在秋梢抽生恢复的范围内，树势衰弱的植株宜轻修剪。可短截留节疤的果梗枝以抽生较好的秋梢；下垂枝回缩到水平程度。修剪结束到加温开始的时间要尽可能长，若 11 月加温，则修剪结束到开始加温的时间要有 130 天以上，若 12 月加温，则修剪结束到开始加温的时间要有 120 天以上。为了有效利用大棚空间，要确保一定的树高，立体配置结果层，但肩高以上部分不要配置结果枝组。

（4）施肥管理 在树行两侧沿树冠滴水线沟施（宽×深＝30厘米×30厘米）含有微生物改良剂的有机肥，施肥量为全年施肥量的40％左右（以纯氮计约7.5千克），并在树冠下表层覆盖2～3厘米的客土，以促进新根的发生和生长。土壤酸化的大棚，应用石灰进行pH调节。秋梢发芽后，叶面可喷施水溶性肥料1～2次，以氮肥为主。

（5）病虫害防治 修剪结束后，喷99％机油乳剂150～200倍液防治红蜘蛛，萌芽后到叶片转绿每隔7～10天防治蚜虫和潜叶蛾。

（四）秋季精细管理

1.8月精细管理 8月设施促成栽培的温州蜜柑处在秋梢发育期，此阶段的主要管理如下。

（1）膜管理 7月上中旬修剪完成的大棚，在秋梢自剪结束后除去顶膜。

（2）肥水管理 8月上旬修剪且未萌芽的大棚应充分灌水，萌芽开始前每1～2天灌水15～20米³/亩，萌芽后7～10天一次，秋梢自剪结束后去除顶膜。结合叶面喷水进行根外追肥，补充根系和树体所需的养分和水分，以吸收能力强的有机叶面肥为主。

（3）病虫害防治 继续加强病虫害防治，8月修剪结束后，喷机油乳剂150～200倍液，防治红蜘蛛，萌芽后到转绿每隔7～10天防治蚜虫、潜叶蛾。

2.9月精细管理 9月设施促成栽培的温州蜜柑处在秋梢老熟期，此阶段的主要管理如下。

（1）水分管理 秋梢转绿前过于干燥的大棚，根据天气情况进行少量灌水；转绿结束后，土壤过于湿润，容易促进晚秋梢的萌发，应适当保持土壤的干燥状态，抑制晚秋梢发生，促进花芽分化；衰弱树、少叶树，要少量灌水。

（2）**施肥管理** 秋梢老熟期可叶面喷施以磷、钾为主要成分的有机液体肥料 1～2 次，促进新梢的充实及树势的恢复。

（3）**控制晚秋梢** 叶面喷施 500 毫克/升调环酸钙抑制晚秋梢的发生，若 15～20 天后仍有秋梢发生，应再次使用，使用日期应与预定加温日间隔 2 个月以上。树势强的树还可以用环割的方法抑制营养生长，并在 9 月上旬前结束。弱势树不要应用调环酸钙以及环割。

（4）**病虫害防治** 秋梢没有转绿的大棚，继续做好柑橘潜叶蛾的防治，并用 2.5％溴氰菊酯乳油 3 000 倍液间隔 7～10 天连续喷施 2～3 次防治介壳虫。

3. **10 月精细管理** 10 月设施促成栽培的温州蜜柑处在加温前管理期，此阶段的主要管理如下。

（1）**施肥管理** 10 月上旬施肥，施肥量占全年施肥量的 40％（以纯氮计约 7.5 千克），以三元复合肥为主；并根据土壤及叶片分析结果，选择性地补充其他化学肥料，施肥后迅速灌水利于树势恢复。

（2）**水分管理** 10 月中旬，注意土壤适度干燥，秋雨较多可以进行顶膜覆盖进行避雨和水分胁迫栽培，防止晚秋梢萌发，促进碳水化合物的合成与积累，以利于花芽形成和着花。同时，也可进行断根促花作业，断根量控制在树体根系的 5％左右，但衰弱树不宜断根。

（3）**补充修剪** 10 月中旬以后进行补充修剪，疏去过长的徒长枝、直立枝及分支角度小的枝梢；地面可铺设反光膜给予结果母枝新梢充分的光照。

主要参考文献

邓秀新，2004. 国内外柑橘产业发展趋势与柑橘优势区域规划 [J]. 广西园艺
　　(4)：6-10.

邓秀新，2005. 世界柑橘品种改良的进展 [J]. 园艺学报，32 (6)：1140-1146.

邓秀新，彭抒昂，2013. 柑橘学 [M]. 北京：中国农业出版社.

邓秀新，2018. 中国水果产业供给侧改革与发展趋势 [J]. 现代农业装备
　　(4)：13-16.

邓秀新，项朝阳，李崇光，2016. 我国园艺产业可持续发展战略研究 [J]. 中
　　国工程科学，18 (1)：34-41.

邓秀新，束怀瑞，郝玉金，等，2018. 果树学科百年发展回顾 [J]. 农学学
　　报，8 (1)：24-34.

邓秀新，王力荣，李绍华，等，2019. 果树育种 40 年回顾与展望 [J]. 果树
　　学报，36 (4)：514-520.

国家柑橘产业技术体系产业经济研究室，祁春节，2018. 柑橘产业经济与发
　　展研究 2017 [M]. 北京：中国农业出版社.

李道高，1996. 柑橘学 [M]. 北京：中国农业出版社.

刘晓纳，徐媛媛，朱世平，等，2016. 不同柑橘砧木的耐旱性评价 [J]. 果树
　　学报，33 (10)：1230-1240.

刘永忠，2015. 柑橘提质增效核心技术研究与应用 [M]. 北京：中国农业科
　　技出版社.

刘永忠，2019. 画说柑橘优质丰产关键技术 [M]. 北京：中国农业科学技术
　　出版社.

齐乐，祁春节，2016. 世界柑橘产业现状及发展趋势 [J]. 农业展望，12
　　(12)：46-52.

束怀瑞，陈修德，2018. 我国果树产业发展的时代任务 [J]. 中国果树（2）：1-3.

王刘坤，祁春节，2018. 中国柑橘主产区的区域比较优势及其影响因素研究——基于省级面板数据的实证分析 [J]. 中国农业资源与区划，39（11）：121-128.

杨杰，赖碧丹，李贤良，等，2013. 从农村劳动力现状探讨果园应对农村零工紧缺的措施 [J]. 南方园艺，24（2）：54-56.

中国柑橘学会，2008. 中国柑橘品种 [M]. 北京：中国农业出版社.

朱世平，陈娇，马岩岩，等，2013. 柑橘砧木评价及应用研究进展 [J]. 园艺学报，40（9）：1669-1678.

图书在版编目（CIP）数据

柑橘生产精细管理十二个月 / 刘永忠主编 . —北京：
中国农业出版社，2020.1（2023.11 重印）
（果园精细管理致富丛书）
ISBN 978 - 7 - 109 - 25975 - 1

Ⅰ．①柑…　Ⅱ．①刘…　Ⅲ．①柑桔类-果树园艺
Ⅳ．①S666

中国版本图书馆 CIP 数据核字（2019）第 219172 号

中国农业出版社出版
地址：北京市朝阳区麦子店街 18 号楼
邮编：100125
责任编辑：黄　宇　　文字编辑：冯英华
版式设计：王　晨　　责任校对：周丽芳
印刷：北京通州皇家印刷厂
版次：2020 年 1 月第 1 版
印次：2023 年 11 月北京第 4 次印刷
发行：新华书店北京发行所
开本：880mm×1230mm　1/32
印张：6　插页：2
字数：180 千字
定价：28.00 元

网室育苗（刘永忠摄）

穴盘播种（刘永忠摄）

网室育苗场（刘永忠摄）

容器苗中安装有滴灌系统（刘永忠摄）

嫁接苗立支柱和绑缚
（转引邓秀新、彭抒昂主编的
《柑橘学》）

高接沃柑、树势恢复以及翌年坐果情况（陈香玲摄）

自然圆头形

自然开张形

沃柑幼树整形（陈香玲摄）

树盘覆盖园艺地布（陈香玲摄）

果实涂白（左）和贴白纸（右）防日灼（陈香玲摄）

沃柑中间立支柱拉网撑果
（陈香玲摄）

阳朔金柑避雨延迟采收（刘永忠摄）

阳朔金柑避雨延迟采收（刘永忠摄）

柠檬幼树拉枝整形

红美人避雨栽培（王鹏摄）

柠檬断根处理（李进学摄）

修筑水平梯地（李进学摄）

1.原坡面　2.梯壁　3.埂边

4.梯田面　5.梯田面　6.原坡面
　　　　　宽度

7.削壁　8.梯田面　9.背沟
　　　　　高度

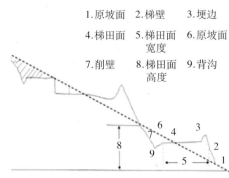

梯台断面（李进学绘）

覆盖网栽培（王鹏摄）